21世纪高等院校物理实验教学改革示范教材

主　审　周　进　沙振舜

新工科
大学物理实验

编　著　陈秉岩　张　敏　苏　巍　刘晓红　刘翠红
编　委　陈秉岩　张　敏　苏　巍　刘晓红　刘翠红
杨建设　文　文　王建永　熊传华　赵长青
陆雪平　王飞武　刘　平　杨卓慧　何　湘
张开骁　朱昌平　费峻涛　蒋永锋　张学武
沈金荣　高　远　周小芹　李　建　韩庆邦
殷　澄　白建波　单鸣雷　汤一彬　姚　澄

南京大学出版社

图书在版编目(CIP)数据

新工科大学物理实验/ 陈秉岩等编著.—南京：
南京大学出版社，2018.1(2020.9 重印)
21 世纪高等院校物理实验教学改革示范教材
ISBN 978-7-305-19915-8

Ⅰ. ①大… Ⅱ. ①陈… Ⅲ. ①物理学—实验
—高等学校—教材 Ⅳ. ①O4-33

中国版本图书馆 CIP 数据核字(2018)第 021474 号

出版发行 南京大学出版社
社 址 南京市汉口路 22 号 邮 编 210093
出 版 人 金鑫荣

丛 书 名 21 世纪高等院校物理实验教学改革示范教材
书 名 新工科大学物理实验
编 著 陈秉岩 张 敏 苏 巍 刘晓红 刘翠红
责任编辑 张小燕 蔡文彬 编辑热线 025-83686531
照 排 南京紫藤制版印务中心
印 刷 常州市武进第三印刷有限公司
开 本 787×1092 1/16 印张 13.5 字数 432 千
版 次 2018 年 1 月第 1 版 2020 年 9 月第 5 次印刷
ISBN 978-7-305-19915-8
定 价 33.00 元

网址：http://www.njupco.com
官方微博：http://weibo.com/njupco
官方微信号：njupress
销售咨询热线：(025)83594756

前　言

本书顺应当前创新创业教育时代背景，根据教育部《新工科研究与实践项目指南》和教育部高等学校大学物理课程教学指导委员会《理工科类大学物理实验课程教学基本要求》，面向新工科基础课程和实践教育体系，突出物理学与多学科交叉复合、理科衍生新兴工科的专业建设。本书由南京大学出版社组织，南京大学、东南大学、河海大学、南京理工大学等高校组成的编委会经多次讨论后制订编写大纲。编著本书的教师在从事教书育人的同时，还长期承担与物理及其交叉学科相关的科学研究、工程技术开发和创新创业教学工作，积累了丰富的研究和实战经验，有效保证了本书内容的理论与实践有机结合，力争符合多学科交叉融合的新工科人才培养需求。

本书由实验理论知识、学科基础实验、学科综合实验、自主设计实验、建模仿真实验、科研创新实验、附录和实验报告构成，坚持物理与多学科交叉融合、以先进技术和设备培养人，以内容完整性为前提，剔除陈旧实验项目，重点突出学科综合、自主设计、建模仿真和科研创新实验项目。其中，实验理论知识、学科基础和学科综合实验，意在训练学生掌握理论联系实际，培养学生理解和解决问题的能力；自主设计、建模仿真和科研创新实验，为学生预留了较多创造空间，意在培养学的创新创业综合素质，提升学生发现和解决问题的能力；尤其在科研创新实验和附录部分，提供了大量物理及其交叉学科的基本知识、研究热点和创新案例，有助于启发和引导大学生的创意和创新。

陈秉岩、张敏、苏巍、刘晓红、刘翠红等五位教师共同编著本书，陈秉岩博士担任总主编，负责内容规划、编著、统稿和校对工作。其他参编作者已在主要内容末尾署名，主要完成人分工为：陈秉岩（实验理论知识、长度的测量、固体和液体密度测量、数字万用表的使用、静态拉伸法测定金属杨氏模量、补偿法与直流电位差计、分光计的调节和使用、等厚干涉及应用、等倾干涉及应用、电信号发生与采集、超声声速测定、磁性材料动态磁滞回线的测量、数字万用表的原理和设计、扭摆法测定物体的转动惯量、惠斯通电桥法测电阻、大学物理实验仿真系统、COMSOL Multiphysics 建模仿真系统、电工新技术的电参数测试、放电等离子体的光谱诊断、放电活性成分与反应调控、现代物理技术及应用、国际单位制单位、常用基本物理常数表、物理实验大事简表、历年诺贝尔物理学奖简介）；张敏（液体表面张力和粘滞系数的测定、光电效应及普朗克常数测定、密里根油滴仪测定电子电荷）；苏巍（交流电桥及其应用、FDTD Solutions 建模仿真系统、物质光谱分析与拉曼技术）；刘晓红（单缝衍射及光波长测定、磁电式电表的改装与校准、金属电子逸出功的测定）；刘翠红（霍尔效应及其应用、半导体 PN 结正向压降温度特性及其应用）。参与本书编著和审阅工作的还有杨建设、文文、王建永、熊传华、赵长青、陆雪平、王飞武、何湘、张开骁、张学武、沈金荣、高远等老师。

本书编著过程中还受到了全国高校实验室工作研究会理事，实验教学与实验技术专业委员会常务副主任，江苏省高校实验教学与技术专业委员会主任，南京大学教授孙尔康的关心和支持；南京大学的周进教授和沙振舜教授作为主审，对本书进行了全面的审阅，提出了许多宝贵的修改意见和建议；南京大学、东南大学、南京理工大学等10多所兄弟院校给予了许多支持和帮助；本书的编著还得到了中国高校创新创业教育改革研究基金(16CCJG01Z004)、中央高校改善基本办学条件专项资金(105261000000150043)、中央高校基本科研业务费(2017B15214)、国家自然科学基金(61705058)和常州市重点研发计划(CJ20160027)等项目的资助。在此致以衷心的感谢！

由于作者水平有限，书中难免有一些不当之处，敬请广大读者批评指正。

陈秉岩

2018年1月

目　录

第 1 章　实验理论知识

1.1　测量与误差

1.1.1　测量及其分类

测量分为直接测量和间接测量。直接测量是把待测物理量与标准量(仪器或量具)进行比较,通过读数,直接得到测量结果。间接测量就是利用直接测量量与被测量之间的函数关系,通过数学处理得到被测物理量的值。无论是哪种测量方式,测量物理量都必须由数值与单位两部分组成。

1.1.2　测量误差

在确定的条件下,待测物理量总有客观真实值。实际测量过程中,由于各种原因使得待测量值和真实值之间存在一定的差异,这一差异叫误差。误差通常分为绝对误差和相对误差。

误差:测量值 x 与真实值 x_0 之差。表示为:

$$\Delta x = x - x_0$$

它反映了测量值偏离真值的大小和方向。其单位与测量值的单位相同,通常取一位有效数字。

绝对误差:误差的绝对值。即 $|\Delta x| = |x - x_0|$。

除此之外,也常用百分差评估测量准确度。当被测量有准确真值(或公认/理论值) x_0 时,实际测量值的约定真值为 x,则百分偏差为:

$$E_x = \frac{|x_0 - x|}{x} \times 100\%$$

百分偏差反映了测量值偏离真值的程度。

相对误差:就是绝对误差与真值之比,用下式表示:

$$\delta x = \frac{\Delta x}{x_0} \times 100\%$$

它反映了测量值 x 偏离真值 x_0 的相对大小。相对误差没有单位,一般取两位有效数字。

1.1.3　测量误差的分类

按照测量误差的来源和性质,一般将误差分为:系统误差、过失误差和随机误差三类。

(1) 系统误差

系统误差是指测量过程中存在某些确定的不合理因素,使得测量结果存在恒定的或按一定规律变化的误差。系统误差来源包括：仪器误差、方法误差、环境误差和人为误差等。

仪器误差：由于仪器制造的缺陷，使用不当或者仪器未校准所造成的误差。

方法误差：实验所依据的理论和公式的近似性（近似函数逼近性），实验条件或测量方法不能满足理论公式所要求的条件等引起的误差。

环境误差：测量仪器规定的使用条件未满足所造成的误差。如室温高于仪器所规定的实验温度范围，而引起的误差称之为环境误差。

人为误差：由于测量者的生理特点或固有习惯所带来的误差。例如反应速度的快慢、分辨能力的高低、读数的习惯造成的误差。

（2）过失误差

过失误差指纯粹的人为因素造成的误差，通常表现为错误数据。如由于仪器的使用方法不正确，实验方法不合理，粗心大意，过度疲劳，读错、记错数据等引起的误差。

（3）随机误差

随机误差，是由于在测定过程中某些不稳定因素微小的随机波动而形成的具有相互抵偿性的误差，也称为偶然误差或不定误差。随机误差的大小和正负都不固定，但多次测量结果的相对误差概率服从图1所示的正态分布（即测量值靠近理论真值的概率总是最大），绝对值相同的正负随机误差出现的概率大致相等，因此它们之间通常可以互相抵消，所以可以通过增加平行测定的次数取平均值的办法减小随机误差。

当测量次数足够多时，这种偏离引起的误差服从统计规律，其特点为：

① 有界性，误差的绝对值不会超过某一最大值 Δx_{max}。

② 单峰性，绝对值小的误差出现的概率大，而绝对值大的误差出现的概率小。

③ 对称性，绝对值相同的正、负误差出现的概率相等。

④ 抵偿性，误差的算术平均值随着测量次数的无限增加而趋于零。

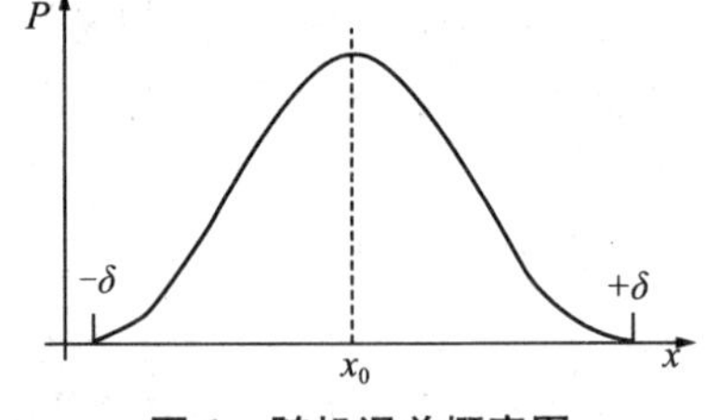

图1　随机误差概率图

虽然随机误差具有不可预知性也无法避免，但可以通过多次测量，利用其统计规律性达到互相抵偿，从而找到真值的最佳近似值（又称约定真值或最近真值）。

1.2　不确定度与测量结果表示

1.2.1　不确定度与均方根差

在科学实验中，测量结果应包括测量值和测量误差两部分。按照中国计量技术规范（JJG1027—91），测量结果表达为：

$$x=\overline{x}\pm U \tag{1}$$

其中，U 为总不确定度，$\overline{x}=\frac{1}{n}\sum_{i=1}^{n}x_i$ 为测量期待值或约定真值（单次测量为测量值，多次测量时为测量算术平均值）。

不确定度是用于描述被测量的不能肯定程度，它利用概率方法估计了被测量在某个数值范围内的最大可能性。式(1)表示被测量的真值位于区间$[\overline{x}-U, \overline{x}+U]$内的概率是 95%。

均方根差(又称“标准偏差”或“标准离差”),是反映一组测量数据离散程度的统计指标,能有效体现统计结果在某一时段内误差上下波动的幅度。其表达式为:

$$S=\sqrt{\frac{\sum_{i=1}^{n}(x_i-\overline{x})^2}{n-1}} \tag{2}$$

1.2.2　不确定度的分类及评定

按照数值评定方法,不确定度可归纳为两大类:

(1) A 类不确定度——用统计方法计算出的测量值的标准偏差,用 u_A 表示。

设在相同条件下,对某一物理量独立测量 n 次,得到的测量值为 $x_1, x_2, x_3, \ldots, x_n$,测量值的 A 类不确定度等于标准偏差 S 乘以$\left(\frac{t}{\sqrt{n}}\right)$,即:

$$u_A=\frac{t}{\sqrt{n}}\cdot S=\frac{t}{\sqrt{n}}\cdot\sqrt{\frac{\sum_{i=1}^{n}(x_i-\overline{x})^2}{n-1}} \tag{3}$$

其中 $\overline{x}=\frac{1}{n}\sum_{i=1}^{n}x_i$ 为测量结果的算术平均值;t 为分布因子,当测量次数 n 确定时,在概率为 95%时,$\frac{t}{\sqrt{n}}$的值由表 1 给出:

表 1　分布因子

测量次数 n	2	3	4	5	6	7	8	9	10	15	20	30
t 因子的值	12.71	4.30	3.18	2.78	2.57	2.45	2.36	2.31	2.26	2.14	2.09	2.05
$t/\sqrt{n}$ 的值	8.99	2.48	1.59	1.24	1.05	0.93	0.84	0.77	0.72	0.55	0.47	0.37
$t/\sqrt{n}$ 的近似值	9.0	2.5	1.6	1.2	≈ 1					$\approx 2/\sqrt{n}$		

(2) B 类不确定度——用非统计方法计算出的不确定度,用 u_B 表示.

当测量结果中包含来源相互独立的标准不确定度时,则 B 类标准不确定度的表达式为:

$$u_B=\sqrt{u_{B1}^2+u_{B2}^2+u_{B3}^2+\cdots+u_{Bn}^2} \tag{4}$$

在科学测量中,通常将仪器误差限 Δ_{ins} 作为 B 类不确定度,即:$u_B=\Delta_{ins}$。仪器误差限或最大允许误差,是指正确使用仪器获得的测量结果和被测量真值之间存在的最大误差。仪器误差限 Δ_{ins} 根据国际标准制定,实际工作时可以从所使用仪器的手册中查找到。本课程中,对常用仪器的误差限 Δ_{ins} 作如下约定:

长度测量仪器:其误差限,取长度测量仪器最小分度值的一半估算(除非仪器有专门说明)。

质量测量仪器:简单实验中,取天平的最小分度值作为仪器误差限。

时间测量仪器:取仪器(计时器)最小分度值作为仪器误差限。

温度测量仪器:约定仪器误差限按其最小分度值的一半估算。

电磁测量仪器:根据电磁原理设计的科学仪器,其误差限可通过准确度等级的有关公式给出。对电磁仪表,如指针式电流、电压表,则

$$\Delta_{\text{ins}}=\alpha\% \cdot A_m \tag{5}$$

公式(5)中,A_m是电表的量程,α 是以百分数表示的准确度等级,电表精度分为 5.0, 2.5, 1.5, 1.0, 0.5, 0.2, 0.1 七个级别。

(3) 总不确定度——由 A 和 B 两类不确定度计算的测量值的累计不确定值,表达式为:

$$U=\sqrt{u_{\mathrm{A}}^2+u_{\mathrm{B}}^2} \tag{6}$$

1.2.3 直接测量结果的表示

(1) 单次直接测量

在许多情况下,多次测量是不可能的(如稍纵即逝的现象),有时多次测量也是不必要的,这时可以用某次测量值作为测量结果的最佳值。因为测量次数为 $n=1$,测量结果表示为 $x=x\pm u_{\mathrm{B}}$。其中,$u_{\mathrm{B}}=u_{\mathrm{B1}}=\sqrt{u_{\mathrm{B1}}^2}$。

(2) 多次直接测量

处理时首先计算被测量的算术平均值$\overline{x}$;据实际情况,计算各类不确定度 u_{A}、u_{B};计算总不确定度 U;最后给出测量结果表示为 $x=\overline{x}\pm U$(单位)。

1.2.4 间接测量的不确定度传递和结果表示

设间接测量值 x 是 m 个相互独立直接测量值 $x_1,x_2,x_3,\dots,x_m$ 的函数,即 $x=f(x_1, x_2,x_3,\dots,x_m)$,各直接测量值的总不确定度为 $U_{x_1},U_{x_2},U_{x_3},\dots,U_{x_m}$(A 和/或 B 类不确定度),则

(1) 计算间接测量量的平均值:$\overline{x}=f(\overline{x}_1,\overline{x}_2,\overline{x}_3,\dots,\overline{x}_m)$。

(2) 间接测量量的计算过程会产生不确定度的传递,产生的总不确定度表达式为:

$$U=\sqrt{\left(\frac{\partial f}{\partial x_1}\right)^2\cdot U_{x_1}^2+\left(\frac{\partial f}{\partial x_2}\right)^2\cdot U_{x_2}^2+\cdots+\left(\frac{\partial f}{\partial x_m}\right)^2\cdot U_{xm}^2}=\sqrt{\sum_{i=1}^{n}\left(\frac{\partial f}{\partial x_i}\right)^2\cdot U_{x_i}^2} \tag{7}$$

相对不确定度,是在获得不确定度之后,先对其函数取自然对数,再求微分,则可得间接测量量 x 的相对不确定度表达式:

$$U_r=\frac{U}{\overline{x}}=\sqrt{\left(\frac{\partial \ln f}{\partial x_1}\right)^2\cdot U_{x_1}^2+\left(\frac{\partial \ln f}{\partial x_2}\right)^2\cdot U_{x_2}^2+\cdots+\left(\frac{\partial \ln f}{\partial x_m}\right)^2\cdot U_{xm}^2} \tag{8}$$

(3) 测量结果表示:

$$x=\overline{x}\pm U(\text{单位}) \tag{9}$$

1.3 有效数字及其运算

1.3.1 有效数字

测量结果的有效数字,由若干可靠数字和一位估读数字组成(估读位具有不确定性)。

物理量的有效数字位数多少，由被测物理量和量具决定。被测物理量有效数字位数越多，代表其精度越高，反之亦然。

1.3.2　正确书写有效数字的方法

以电流表读数为例，介绍正确记录数据的方法。

(1) 介于两个刻线之间的读数方法

在测量时，测得的值往往不是恰好等于所用仪器最小刻度值的整数倍，而是介于两个刻度线之间。为了使测量结果尽可能的准确，必须对指针在两个刻线之间作出合理的估计。如图 2 所示，电流表的读数可以读为 18.6 A、18.5 A、18.7 A 三个值(取决于观察者)。其中"6""5""7"是估读位，前两位为可靠位，其结果有三位有效数字。

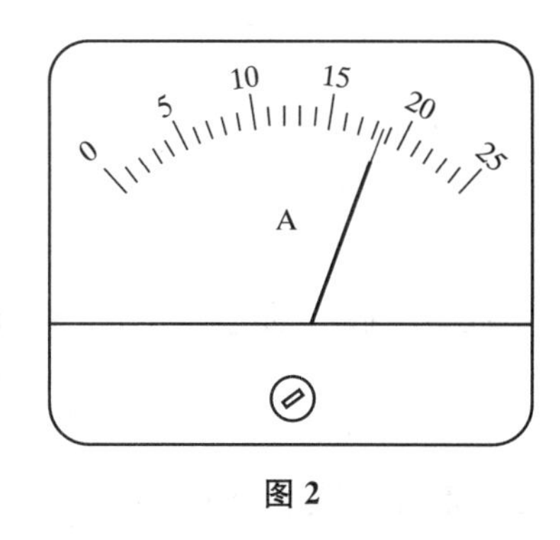

图 2

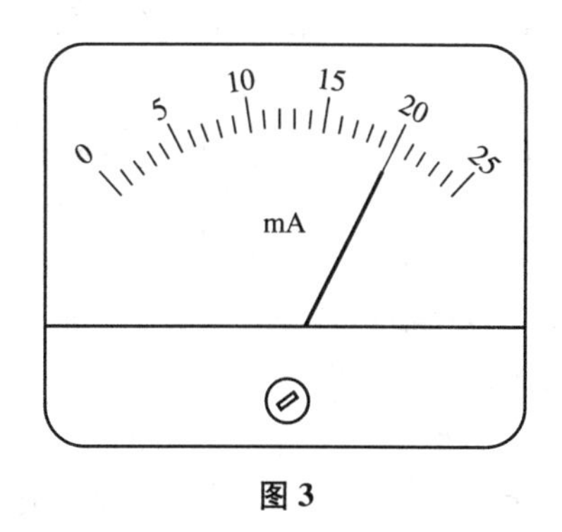

图 3

(2) 指示整刻度线的读数方法

如图 3 所示，虽然指针恰好指在 20 mA 的刻度线上，但测量结果也体现出估读位，即：结果应当记录到小数点后面的第一位上，正确的读数是 20.0 mA。

(3) 单位换算有效数字的位数不变

若将 21.4 A 换算成以 mA 为单位的量，为体现数据的精度，不能随意扩大有效数字位数，而将其错误地写成 21 400 mA。正确的写法应当是 21.4×10^{3} mA 或 2.14×10^{4} mA 等。乘号前的数表示测量值的有效位数，后面 10 的方次表示测量值的数量级。

类似地，若将 18.6 A 换算成以 kA 为单位的量。虽然可以将其写成 0.018 6 kA(仍为 3 位有效数字)而不引起误解，但更好的表示应当为 18.6×10^{-3} kA 或 1.86×10^{-2} kA 等。

注意：有效数字前面的"0"不属于有效数字，仅用来标记小数点位置。

(4) 有效数字中"0"的地位

第一个非"0"数字之前的"0"不是有效数字，在有效数字之间或后面的"0"都是有效数字。例如：125.0 是四位有效数字，0.001 3 是两位有效数字。特别注意非"0"数字后面的"0"不能随便去掉，也不能随便加上。如 1.0 与 1.00 的意义是不同的。1.0 表示两位有效数字，1.00 表示三位有效数字，两者的准确度不同。

注意：读数时的最后一位必须读到估读位。

(5) 不确定度、测量结果与有效数字之间的关系

测量结果中，测量值的最末一位与不确定度的末位对齐。一般不确定度数字最多保留 2 位。在大学物理实验中，不确定度的有效数字只保留 1 位。

1.3.3　有效数字的运算

影响有效数字位数的主要因素是仪器的精度和有效数字的运算。下面简单介绍几种有效数字的运算规则。

(1) 单位换算规则

对测量结果进行单位换算,有效数字位数保持不变。如:1.05 m=105 cm=1.05×10^3 mm。

(2) 和差运算规则

和差运算结果的最后一位,与参加运算的各测量值的尾数位(估读位)最高的对齐。如:$322.8\underline{4}+41.\underline{1}+5.64\underline{6}=369.\underline{5}$,$37\underline{7}-93.6\underline{1}=28\underline{3}$。

估读数(不可靠数)使用下划线标注。

(3) 积商运算规则

积、商运算的有效数字,与参与运算的各测量值中有效数字位数最少的对齐。如:$6.428\times 21.7=139$,$34.5\div 12=2.9$。

(4) 乘方与开方

测量值经过乘方与开方运算后,所得结果的有效数字与底数的有效数字位数相同.如:$2.55^2=6.50$,$2.55^{0.5}=1.60$。

(5) 其他函数运算

① 对数函数:测量值经过对数函数运算后,所得结果有效数字的小数点后尾数位数与真数的有效数字位数相同。如:log 1.983= 0.297 3。

② 指数函数:测量值经过指数函数运算后,运算结果的有效数字位数与指数的小数点后的位数相同(包括紧接小数点后的零)。如:$10^{6.25}=1.8\times 10^6$。

③ 三角函数:三角函数的取值与角度的有效数字位数相同。一般用分光计读角度时,应读到 1 分。此时,应取四位有效数字。如:$\sin 60°00'=\sqrt{3}/2$,计算结果应取成 0.866 0。

注意:

① 尾数舍入规则:测量值和不确定度尾数的取舍方法通常采用简单的四舍五入法。

② 数据参与运算时,运算过程中的数据及中间结果可根据需要适当多保留几位有效数字。而原始测量数据的读数及最后计算结果有效数字的确定应按上述规则进行处理。

③ 常数的有效数字位数可认为是无限多的,实际计算中要合理取舍。例如 2,π,e,$\sqrt{2}$ 等常数,计算中按照需要合理取值。

例 1　用一电压表测量某电压 10 次,得到下列数据如表 2:

表 2

测量次数	1	2	3	4	5	6	7	8	9	10
电压(V)	1.51	1.49	1.52	1.53	1.55	1.52	1.50	1.48	1.54	1.53

又知未通电时电压表的读数为 0.01 V(仪器的系统误差),由电压表的精度等级产生的不确定度为 0.03 V,求不确定度及测量结果。

解:由题意可修正系统不确定度为 $u_0=0.01$ V,不可修正系统不确定度 $u_B=0.03$ V。

测量平均值为：$\overline{V}=1.52\ \text{V}$，

消除可修系统正不确定度后，测量值为：$V=\overline{V}-u_0=1.52\ \text{V}-0.01\ \text{V}=1.51\ \text{V}$。

A类不确定度为：$u_A=\sqrt{\frac{1}{10-1}\sum_{i=1}^{10}(V_i-V)^2}=0.02\ \text{V}\quad\left(\frac{t}{\sqrt{10}}\approx 1\right)$。

总不确定度为：$U=\sqrt{u_A^2+u_B^2}=0.04\ \text{V}$。

测量结果表示为：$V=V\pm U=(1.51\pm 0.04)\text{V}$。

例2　测某电阻R上消耗的电功率P，直接测的其两端电压为$V=(1.42\pm 0.02)\text{V}$，通过R的电流为$I=(1.25\pm 0.03)\times 10^{-4}\ \text{A}$，求其实验结果$P$。

解：(1) 求电功率的平均值：$\overline{P}=\overline{I}\cdot\overline{V}=1.25\times 10^{-4}\times 1.42\ \text{W}=1.78\times 10^{-4}\ \text{W}$。

(2) 建立电功率平均函数$\overline{P}=f(\overline{I},\overline{V})=\overline{I}\cdot\overline{V}$。

利用不确定度传递公式求，总不确定度满足：

$$
\begin{aligned}
U&=\sqrt{\left(\frac{\partial f}{\partial\overline{V}}\right)^2 U_{\overline{V}}{}^2+\left(\frac{\partial f}{\partial\overline{I}}\right)^2 U_{\overline{I}}{}^2}=\sqrt{\overline{I}^2 U_{\overline{V}}{}^2+\overline{V}^2 U_{\overline{I}}{}^2}\\
&=\sqrt{(1.25\times 10^{-4})^2\times 0.02^2+1.42^2\times(0.03\times 10^{-4})^2}\\
&=0.05\times 10^{-4}
\end{aligned}
$$

于是，电功率的实验测试结果为　$P=\overline{P}\pm U=(1.78\pm 0.05)\times 10^{-4}\ \text{W}$。

1.4　实验数据处理的常用方法

数据处理是通过对实验测试数据进行整理、分析和研究，从而找出数据的内在规律，并总结出相应的结论。常见数据处理方法包括：列表法、作图法、逐差法和线性拟合法(最小二乘法)等。

1.4.1　列表法

列表法是将一组有关的实验数据和计算过程中的数值依一定的形式和顺序列成表格。

列表法的优点是结构紧凑，简单明了，便于比较、分析和查找。同时，易于及时发现问题，有助于找出各物理量之间的相互关系和变化规律。

列表时要注意：

(1) 数据表格应首先写明表格名称。必要时还应注明相关环境参数和仪器误差。

(2) 数据表格的设计要利于记录、运算和检查。表中涉及的各物理量，其符号、单位均要交代清楚。如果整个表中单位都是一样的，可将单位注明在表的上方。

(3) 数据表中的直接测量值和最后结果应正确地反映测量误差，即需将有效位数填写正确。中间过程的计算值可以多保留一位，也可以与测量值有效数字一致。

(4) 原始数据的记录须真实，不得随意修改数据。如数据记录有误或存在问题，应在相应表格将原始数据和修正数据同时记录下来并标注清楚，以备核查。

实验数据表格设计举例：

表格名称:矩形有机玻璃面积的测定

仪器:游标卡尺　　$\Delta_{ins}=0.02$ mm

测量次数	长度 L_1(mm)	宽度 L_2(mm)
1		
2		
3		
4		
5		
6		
平均值(mm)	$\overline{L}_1=$	$\overline{L}_2=$
标准偏差(mm)	$S_{L_1}=$	$S_{L_2}=$
总不确定度	$U_{L_1}=$	$U_{L_2}=$
直接测量量表达式	$L_1=\overline{L}_1\pm U_{L_1}=$	$L_2=\overline{L}_2\pm U_{L_2}=$
面积测量结果	$S=\overline{S}\pm U_S=$　　　mm^2	

1.4.2　作图法

作图法是在坐标纸上用图形描述各物理量间关系的一种方法。通过作图,可以形象、直观地表示出物理量的变化规律;可以推知未测量点的情况;可以方便地得到许多如极值、直线斜率、截距、弧形的曲率等有用的参量。

作图的规则:

(1) 选用合适的坐标纸。坐标纸的大小及坐标轴的比例,应根据所测数据有效数字和对测量结果的需要来定。

(2) 确定坐标轴。通常以横坐标表示自变量,纵坐标表示因变量。画出坐标轴的方向,标明其所代表的物理量和单位,并在坐标轴上按需要设定标度,并标明标度的数值。

(3) 选定合适的坐标分度。

① 坐标轴的最小分格与所测数据有效数字中最后一位可靠数字的尾数一致。

② 分度应使每一个点在坐标纸上都能迅速方便地找到。

③ 尽量使图线比较对称地充满整个图纸,不要使图纸偏于一边或一角。因此,坐标轴的起点不一定要从零点开始。

(4) 标出坐标点

根据测量结果,用铅笔将数据标在图纸上。描点时用"+""×""△"等符号在图上标出该点位置。同一曲线上的坐标点要用同种符号标注,不同曲线上的坐标点用不同的符号进行标注,以示区别。作完图后符号标注点需保留,不能擦掉。

(5) 连接实验曲线

应穿过所有坐标点画出光滑曲线或直线。除校准曲线外,不允许连成折线或"蛇线"。作图时应尽量使图线紧贴所有的实验点,且数据点均匀分布在图线两旁,且离曲线较近。

(6) 曲线名称及特征量标注

绘制完曲线,应在图的右上方或空白处写出曲线的名称,并对相关特征量进行必要说明,从而使曲线尽可能全面反映实验的真实情况。

1.4.3　逐差法

所谓逐差法，就是把一组等精度测量数据进行逐项相减，或分成高低两组，实行对应项测量数据相减。适用条件是自变量等距离变化，自变量的测量误差远小于因变量误差。

以拉伸法测金属丝杨氏模量为例：实验每次加一个 0.5 kg 的砝码来改变受力，可保证金属丝长度的等距变化，且砝码读数误差相对于长度的误差完全可忽略，因而完全符合逐差法所要求的条件。负荷与金属丝伸长量的关系数据如表 3 所示。

表 3　增加砝码时标尺读数的变化量

次数(k)	负荷(kg)	伸长量(cm)	次数(k)	负荷(kg)	伸长量(cm)
0	0.0	0.12	4	2.0	1.37
1	0.5	0.43	5	2.5	1.65
2	1.0	0.74	6	3.0	1.96
3	1.5	1.05	7	3.5	2.36

根据逐差法的要求把上表中的 8 组数据分成 0～3 和 4～7 两组。这样把相隔 0.5 kg 一次测量转化成了相隔 2 kg 测量一次，即有

$$S_{4\text{-}0}=(1.37-0.12)\text{cm}=1.25\times10^{-2}\ \text{m}=S_A,$$
$$S_{5\text{-}1}=(1.65-0.43)\text{cm}=1.22\times10^{-2}\ \text{m}=S_B,$$
$$S_{6\text{-}2}=(1.96-0.74)\text{cm}=1.22\times10^{-2}\ \text{m}=S_C,$$
$$S_{7\text{-}3}=(2.36-1.05)\text{cm}=1.31\times10^{-2}\ \text{m}=S_D,$$

从而有 $\overline{S}=\frac{1}{4}(S_A+S_B+S_C+S_D)=\frac{1}{4}(1.25+1.22+1.22+1.31)\times10^{-2}\ \text{m}=1.25\times10^{-2}\ \text{m}$

即每增加 20 N 力，金属丝的平均伸长量为 1.25×10^{-2} m。

1.4.4　实验数据的函数拟合与最小二乘法

作图法虽然具有便利、直观等优点，但是在作图时由于人为拟合曲线的过程有一定的主观随意性，这会导致附加的误差，因而它是一种较为粗略的数据处理方法。为了克服这一缺点，通常采用最小二乘法拟合实验数据，以期获得更为准确的实验数据曲线。

(1) 最小二乘法原理

最小二乘法的原理是：找到一条最佳的拟合曲线，在这条直线上各点相应的 y 值与测量值对应纵坐标值之偏差的平方和在所拟合曲线中应是最小的。

假设物理量 y 是 x 的线性函数，即

$$y=ax+b。\tag{10}$$

在相同实验测量条件下，测得自变量的值为 $x_1,x_2,\dots,x_i,\dots,x_n$（假设对自变量的观察误差很小），对应的物理量依次为 $y_1,y_2,\dots,y_i,\dots,y_n$。由于对于每一个自变量 x_i，测量值 y_i 与其最佳期待值间存在偏差 δy_i。如果各测量值 y_i 的误差相对独立且服从同一正态分布，那么当 δy_i 的平方和最小时，即可得到 $y=ax+b$ 的最佳经验公式。即：

$$a=\frac{\sum_{i=1}^{n}x_i\sum_{i=1}^{n}y_i-n\sum_{i=1}^{n}x_iy_i}{\left(\sum_{i=1}^{n}x_i\right)^2-n\sum_{i=1}^{n}x_i^2} \tag{11}$$

$$b=\frac{\left(\sum_{i=1}^{n}x_i\right)\left(\sum_{i=1}^{n}x_iy_i\right)-\left(\sum_{i=1}^{n}x_i^2\right)\left(\sum_{i=1}^{n}y_i\right)}{\left(\sum_{i=1}^{n}x_i\right)^2-n\left(\sum_{i=1}^{n}x_i^2\right)} \tag{12}$$

(2) 相关性讨论

如果实验是在已知线性函数关系下进行的,那么用上述最小二乘法进行线性拟合,可得到最佳直线及其截距 b 和斜率 a,从而得到回归方程。

如果实验是要通过 x、y 的测量来寻找经验公式,则还应判别由上述线性拟合所得的线性函数是否恰当。此时,可使用 x、y 的相关系数 R 来判别。相关系数 R 的表达式为:

$$R=\frac{\sum_{i=1}^{n}\Delta x_i\Delta y_i}{\sqrt{\sum_{i=1}^{n}(\Delta x_i)^2\sum_{i=1}^{n}(\Delta y_i)^2}} \tag{13}$$

公式(13)中 $\Delta x_i=x_i-\overline{x}$,$\Delta y_i=y_i-\overline{y}$。相关系数大小表示了相关程度好坏。

当 $R=\pm1$ 或接近 1 时,表明实验数据 x 和 y 完全线性相关,拟合直线通过全部测量点;

当 $R=0$ 时,表示 x 和 y 是相互独立的变量,完全线性不相关;

当 $|R|<1$ 时,表示 x 和 y 的测量值线性不好,$|R|$ 越小线性关系越差。

【思考题】

1. 利用有效数字运算公式计算下列各式:

(1) $20.2+4.176$　　(2) 4.178×10.2　　(3) $\lg 1.983$　　(4) $10^{6.25}$

2. 用钢尺测量某物体长度六次的结果分别为:4.28 cm,4.26 cm,4.27 cm,3.26 cm,4.29 cm,4.27 cm,则其算术平均值和不确定度分别是多少?请给出物体长度的计算表达式。

3. 计算 $A=\frac{4B}{C^2D}$,已知 $B=(127.321\pm0.002)$ g,$C=(7.546\pm0.005)$ cm,$D=(6.14\pm0.01)$ cm,计算 A 的算术平均值和不确定度,并给出其表达形式。

4. 为何说利用最小二乘法拟合的实验曲线是最佳曲线?怎样利用最小二乘法拟合具有线性关系的实验数据?

(陈秉岩　刘　平)

第2章　学科基础实验

实验1　长度的测量

长度测量的方法和仪器多种多样，最基本的测量工具包括米尺、游标卡尺和螺旋测微器。这些量具测量长度的范围和精度各不相同，需视测量的对象和条件进行合理选用。当长度在10^{-3}cm以下时，需用更精密的长度测量仪器（如比长仪），或采用其他的方法（如光学方法）来测量。

【实验目的】

1. 掌握游标卡尺、螺旋测微器的结构原理和使用方法。
2. 巩固有关不确定度和有效数字的知识。
3. 熟悉数据记录、处理及测量结果表示的方法。

【实验原理】

一、游标卡尺

1. 结构

如图1，游标卡尺是工业上常用的测量长度的仪器。它由主尺和附在主尺上能滑动的游标两部分构成。主尺一般以毫米为单位，而游标上则有10、20或50个分格，根据分格的不同，游标卡尺可分为十分度游标卡尺、二十分度游标卡尺、五十分度游标卡尺等。主尺身和游标上都有量爪，利用内测量爪可测零件的内径或内部长度，利用外测量爪可测零件的厚度和外径。深度尺与游标尺连在一起，可以测槽和筒的深度。当外两爪紧密合拢时，游标和主尺上的“0”刻度线应对齐。

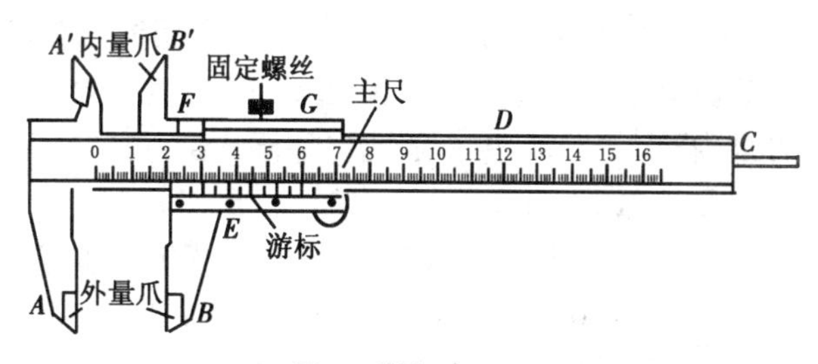

图1　游标卡尺

2. 原理

若游标尺上共有m分格，m分格的总长度和主刻度尺上的$(m-1)$分格的总长度相等。设主刻度尺上每个等分格的长度为y，游标刻度尺上每个等分格的长度为x，则有$mx=(m-1)y$。主刻度尺与游标刻度尺每个分格之差$(y-x=y/m)$为游标卡尺的最小读数值，即最小刻度的分度数值。例如主尺刻度最小分度为1 mm，而游标共有$m=20$个分格，则游标卡尺的最小分度为1/20 mm=0.05 mm，称为20分度游标卡尺；还有常用的50分度的游标卡尺，其最小分度数值为 1/50 mm＝0.02 mm。

3. 读数

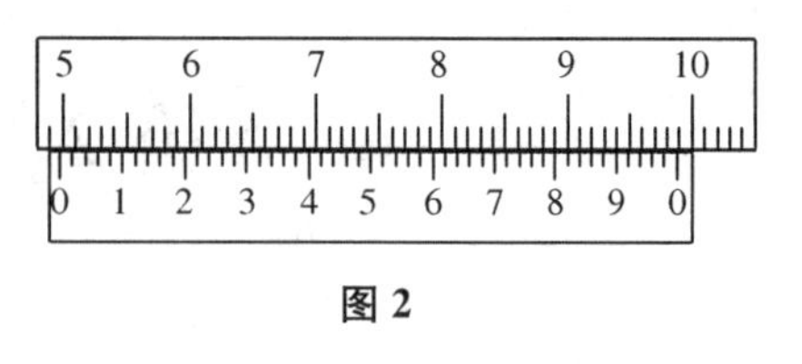

图 2

首先以游标零刻度线为准在尺身上读取毫米整数，即以毫米为单位的整数部分；然后看游标上第几条刻度线与尺身的刻度线对齐，如第 6 条刻度线与尺身刻度线对齐，则小数部分即为 6 乘以游标的分度值。如有零点误差，则一律用上述结果减去零点误差，读数结果为：

测量值＝主尺整数读数＋游标小数读数－零点误差。

以 50 分度的游标卡尺为例，如图 2 所示。整数部分直接从主刻度尺上读出为 49 mm，小数部分：若图中第 40 根游标刻度线和主刻度尺上的刻度线对得最整齐，应该读作 0.02×40(mm)＝0.8**0** mm。测量读数值即为 49＋0.80＝49.8**0**(mm)。

二、螺旋测微器

1. 原理

螺旋测微器，又叫千分尺，是比游标卡尺更为精密的长度测量工具。

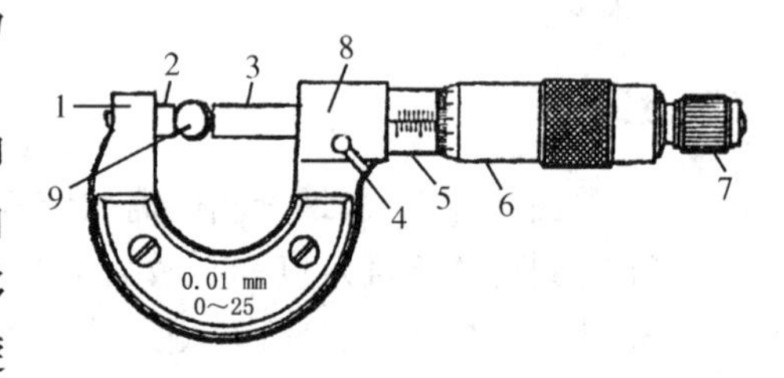

图 3　螺旋测微器

1. 尺架　2. 测砧　3. 测微螺旋　4. 锁紧装置　5. 固定套筒　6. 微分筒　7. 棘轮　8. 螺母套管　9. 被测物

螺旋测微器是依据螺旋放大的原理制成的，即螺杆在螺母中旋转一周，螺杆便沿着旋转轴线方向前进或后退一个螺距的距离。因此，沿轴线方向移动的微小距离，可用圆周上的读数表示出来。螺旋测微器的螺距是 0.5 mm，微分筒上有 50 个等分刻度，微分筒每旋转一周，测微螺杆可前进或后退 0.5 mm，因此旋转每个小分度，相当于测微螺杆前进或后退 0.5/50 mm＝0.01 mm。因此螺旋测微器可准确到0.01 mm.由于还能再估读一位，可读到毫米的千分位，故又名千分尺。

2. 读数

首先，观察固定标尺的读数准线(即微分筒前沿)所在的位置，可以从固定标尺上读出整数部分，每格 0.5 mm，即可读到半毫米；其次，以固定标尺的刻度线为读数准线，读出0.5 mm 以下的数值，估计读数到最小分度的 1/10 ，然后两者相加，即：

测量值＝固定标尺读数＋微分筒读数－零点误差。

如图 4 所示，整数部分是 5.5 mm (因固定标尺的读数准线已超过了 1/2 刻度线，所以是 5.5 mm)，副刻度尺上的圆周刻度是 20 的刻线正好与读数准线对齐，即 0.20**0** mm。所以，其读数值为 5.5＋0.20**0** ＝5.70**0**(mm)。如图 5 所示，整数部分(主尺部分)是 5 mm，而圆周刻度是 20.**8**，即 0.20**8** mm，其读数值为 5＋0.20**8**＝5.20**8**(mm)。

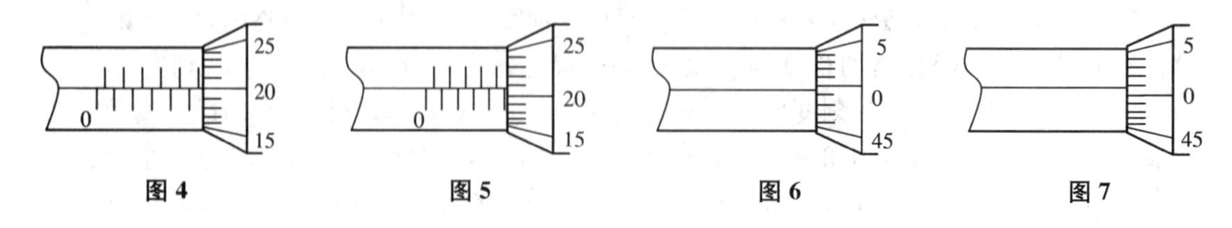

图 4　　图 5　　图 6　　图 7

零点误差：当微分筒和固定套筒界面密合在一起时，通常读数不是0.000 mm，而是显示某一读数，此读数即为零点误差。读取零点误差时需分清是正误差还是负误差。如图6和图7所示。

图6中，零点误差$\delta_0=-0.006$ mm。

图7中，零点误差$\delta_0=+0.008$ mm。

如果测量得到待测物读数为d，那么待测量物体的实际长度d'应写为$d'=d-\delta_0$。

【实验仪器】

游标卡尺、螺旋测微器、米尺、有机塑料板。

【实验内容与步骤】

1. 用米尺测量有机塑料板的长度L_1，改变测量位置，重复测量6次，并记录实验数据。

2. 用游标卡尺的外量爪测量塑料板的宽度L_2，用内量爪测量圆孔直径D，各重复测量6次并记录实验数据。

3. 用螺旋测微器测量有机塑料板的厚度L_3，重复测量6次并记录实验数据。

4. 计算有机塑料板的体积及其不确定度。

【注意事项】

1. 游标卡尺使用前，应该先将游标卡尺的卡口合拢，检查游标尺的“0”线和主刻度尺的“0”线是否对齐。若不对齐说明卡口有零点误差，应记下零点读数，用以修正测量值。

2. 推动游标刻度尺时，不要用力过猛，卡住被测物体时松紧应适当，更不能卡住物体后再移动物体，以防卡口受损。

3. 用完游标卡尺后两卡口要留有间隙，然后将游标卡尺放入包装盒内，不能随便放在桌上，更不能放在潮湿的地方。

4. 螺旋测微器在使用前要注意校准零点，记下零点误差。

5. 使用螺旋测微器时，当微分筒快靠近被测物体时应停止使用旋钮，而改用微调旋钮，避免产生过大的压力，既可使测量结果精确，又能保护螺旋测微器。

6. 读数时，千分位有一位估读数字，不能随便扔掉，即使固定刻度的零点正好与可动刻度的某一刻度线对齐，千分位上也应读取为“0”。

【数据记录与处理】

1. 测量有机塑料板的长度L_1

仪器：米尺；示值误差：$\Delta_{仪}=0.5$ mm.

表1

次数 项目	1	2	3	4	5	6	平均值
L_1(mm)							

2. 测量塑料板的宽度 L_2、圆孔直径 D

仪器：游标卡尺；示值误差：$\Delta_{仪}=0.02$ mm.

表 2

项目 \ 次数	1	2	3	4	5	6	平均值
L_2(mm)							
D(mm)							

3. 测量有机塑料板的厚度 L_3

仪器：螺旋测微器；示值误差：$\Delta_{仪}=0.004$ mm；零点读数：________mm.

表 3

项目 \ 次数	1	2	3	4	5	6	平均值
L_3(mm)							

4. 计算有机塑料板的体积及其不确定度，并给出其表达形式。

【问题与讨论】

1. 分别用米尺、50 分度游标卡尺和千分尺测量直径约为 2.4 mm 的细丝直径，各可测得几位有效数字？

2. 已知一游标卡尺的游标刻度有 50 个，用它测得某物体的长度为 5.428 cm，则在主尺上的读数是多少？游标的读数是多少？游标上的哪一刻线与主尺上的某一刻线对齐？

3. 螺旋测微器（千分尺）的零点值在什么情况下为正？什么情况下为负？

（陈秉岩　刘　平）

实验2　固体、液体密度的测量

密度是物质的重要属性之一，是表征物体成分或组织结构特征的物理量，工业上经常通过测定物体的密度来进行原料成分的分析、液体浓度的测定和材料纯度的鉴定。不同类型的物质需要不同的密度测量方法，学习这些方法是十分重要的。

【实验目的】

1. 掌握物理天平的使用方法。
2. 学习流体静力称衡法和比重瓶法，测定固体和液体的密度。

【实验原理】

设一个物体的质量为 M，体积为 V，则其密度为

$$\rho=\frac{M}{V} \tag{1}$$

因此，只要测量物体的体积和质量就可以得到它的密度。

质量 M 可以用物理天平测得非常准确。对于外形非常规整的物体，体积可以在测量其几何尺寸后计算得出。对于形状不规则的物体，体积的计算会变得极其不方便，甚至无法进行，从而给密度的测量带来困难。解决这一困难常见的方法是静力称衡法。液体密度的测量，常采用比重瓶法。设水的密度为 ρ_0。

一、流体静力称衡法测固体的密度

设待测物体的质量为 m_1，不溶于水，将其悬吊在水中的称衡值为 m'_1，根据阿基米德原理，物体在水中受到的浮力 F 等于它所排开的水的重量，即

$$F=(m_1-m'_1)g=\rho_0 Vg \tag{2}$$

式中 g 为重力加速度，V 是物体排开水的体积，也是物体自身的体积。因此，物体的密度为

$$\rho_1=\frac{m_1}{m_1-m'_1}\rho_0 \tag{3}$$

二、流体静力称衡法测液体的密度

将一块不溶于水也不与待测液体发生化学反应的物体（如玻璃块）分别悬吊在水中和待测液体中，其质量为 m_2，在水中的称衡值为 m'_2，在待测液体中的称衡值为 m''_2，则待测液体的密度为

$$\rho_2=\frac{m_2-m''_2}{m_2-m'_2}\rho_0 \tag{4}$$

三、用比重瓶测待测液体的密度

比重瓶在一定的温度下具有一定的体积，分别将待测液体和水注入比重瓶中，塞好瓶塞后多余的液体从塞中的毛细管溢出。设空比重瓶的质量为 m_3，充满待测液体的质量为 m'_3，

充满水时的质量为 m''_3，则

$$\rho_3=\frac{m'_3-m_3}{m''_3-m_3}\rho_0 \tag{5}$$

【实验仪器】

物理天平、烧杯、温度计、比重瓶、金属块、玻璃块、酒精、蒸馏水、细线、玻璃棒等。

一、物理天平

天平是称衡物体质量的通用仪器，有杠杆式和电子式之分，在工农业生产、市场经济和科学技术领域发挥着重要作用。

常用的 TW 系列物理天平的结构如图 1 所示。横梁是天平的主要部件，横梁上共有三个刀口。两侧的两个刀口向上，各悬挂一个托盘，中间刀口向下，置于立柱顶端的玛瑙托上。立柱下方的手轮可以控制横梁上下升降。在不需称量时放下横梁可以有效地保护刀口。横梁两端有平衡螺母，可以调节天平空载时的平衡，游码可用于 1.00 g 以下的称衡。

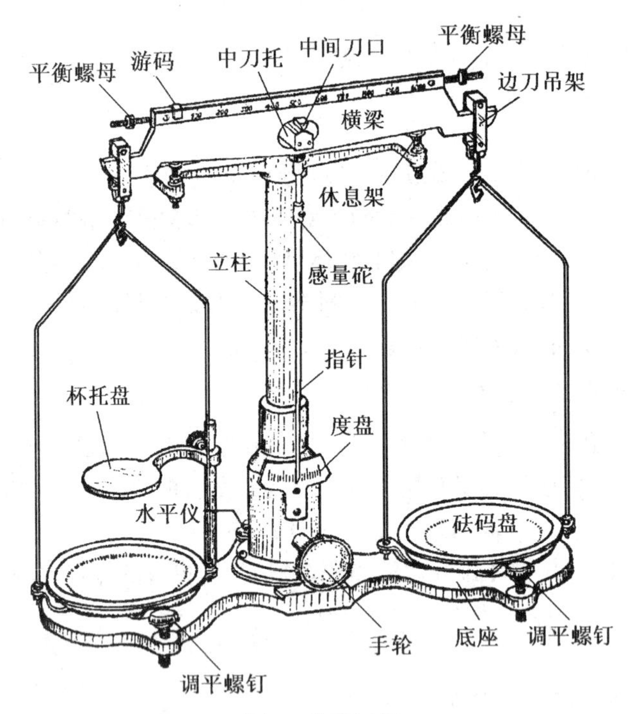

图 1　物理天平

使用天平时应注意以下几点：

1. 检查天平各部件是否安装正确，调节底座的调平螺钉，使水平仪指示水平，以保证支柱铅直。

2. 要调整天平空载时的零点。将游码移到横梁左端零刻线，支起横梁观察指针是否停在标尺的零点上。如不在零点，可降下横梁，反复调节平衡螺母，直至指针指向零点。若上述操作仍无法调准零点，则应检查砝码盘的位置是否放错。

3. 称重时，将待测物体放在左盘，砝码放在右盘，轻轻支起横梁观察两边重量差异，降下横梁用镊子夹取增减砝码或移动游码，反复调节直至天平平衡。

4. 称量完毕后必须立即降下横梁，并将砝码收入砝码盒中，以免损坏或丢失。

二、比重瓶

比重瓶是一种容积确定不变的容器，常用玻璃制成，如图2所示。

使用比重瓶时，将液体注入瓶中直到满为止，将有毛细管的玻璃塞塞住瓶口，多余的液体会从毛细管溢出。使用时应注意不要使瓶中留有气泡，同时应用吸水纸将瓶外和瓶口缝隙中的液体擦干。

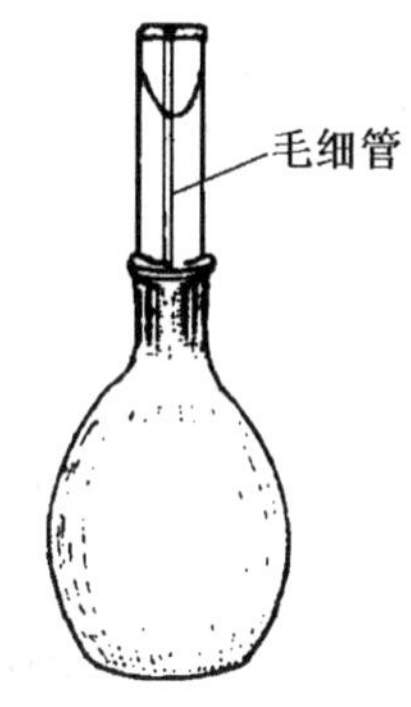

图2　比重瓶

【实验内容与步骤】

1. 用静力称衡法测待测固体的密度

(1) 将物理天平的测量状态调好，测量待测物的质量 m_1；

(2) 用细线吊起待测物浸于蒸馏水中，用物理天平测量其称衡值 m'_1；

(3) 记录当前室温，查出相应温度下水的密度 ρ_0，计算得出待测物密度 ρ_1。

2. 用静力称衡法测待测液体的密度

(1) 用物理天平测量玻璃块的质量 m_2；

(2) 用细线吊起玻璃块浸于蒸馏水中，用物理天平测量其称衡值 m'_2；

(3) 将玻璃块浸于待测液体中，用物理天平测量其称衡值 m''_2；

(4) 计算得出待测液体密度 ρ_2。

3. 用比重瓶测量待测液体的密度

(1) 用物理天平测量空比重瓶的质量 m_3；

(2) 在比重瓶中注满待测液体，测量此时比重瓶的总质量 m'_3；

(3) 将比重瓶中的待测液体换成蒸馏水，测量此时比重瓶的总质量 m''_3；

(4) 计算得出待测液体密度 ρ_3。

【注意事项】

1. 增减天平砝码时，必须使用镊子，不能直接用手接触砝码，以免手上的油污改变砝码的质量。砝码使用完毕要及时收入砝码盒，以免遗失或损坏。

2. 用蒸馏水替换比重瓶中的待测液前，注意先要用足够的蒸馏水将比重瓶冲洗干净，以免残留的待测液改变蒸馏水的密度。

3. 手握比重瓶时，不要“一把抓”，以免手温改变液体的温度，从而改变液体的密度。

【数据记录与处理】

1. 用静力称衡法测待测固体的密度

次数 待测量	1	2	3	4	5	平均值
m_1/g						
m'_1/g						

2. 用静力称衡法测待测液体的密度

待测量＼次数	1	2	3	4	5	平均值
m_2/g						
m'_2/g						
m''_2/g						

3. 用比重瓶测量待测液体的密度

待测量＼次数	1	2	3	4	5	平均值
m_3/g						
m'_3/g						
m''_3/g						

4. 当前室温________℃，查表得蒸馏水的密度 ρ_0＝________$\mathrm{kg\cdot m^{-3}}$。

【问题与讨论】

1. 若天平的左右两臂长度不等，将产生不等臂误差，试分析如何消除这种误差？

2. 若待测固体的密度比蒸馏水的密度小，如黄蜡，将黄蜡简单地置于水中是无法全部浸没的，应如何使用流体静力称衡法测定黄蜡的密度？

3. 实验中将固体吊起的线用的是细线，为什么不能用粗线？对于相同粗细的线，用棉线、尼龙线还是铜丝更好？为什么？

附表　不同温度下蒸馏水的密度(单位：$10^3\ \mathrm{kg\cdot m^{-3}}$)

t/℃	密度	t/℃	密度	t/℃	密度	t/℃	密度
0	0.999 86	9	0.999 81	18	0.998 62	27	0.996 54
1	0.999 93	10	0.999 73	19	0.998 43	28	0.996 26
2	0.999 97	11	0.999 63	20	0.998 23	29	0.995 97
3	0.999 99	12	0.999 52	21	0.998 02	30	0.995 67
4	1.000 00	13	0.999 40	22	0.997 80	31	0.995 37
5	0.999 99	14	0.999 27	23	0.997 56	32	0.995 05
6	0.999 97	15	0.999 13	24	0.997 32	33	0.994 73
7	0.999 93	16	0.998 97	25	0.997 07	34	0.994 40
8	0.999 88	17	0.998 80	26	0.996 81	35	0.994 06

(陈秉岩　杨卓慧)

实验 3　数字万用表使用实验

万用表分为模拟式和数字式两种类型。模拟万用表采用磁电式电流表头作为测量元件，其输入阻抗较小，测量精度低，反应速度慢，已趋于淘汰；数字万用表采用模数转换器(Analog to Digital Converter：ADC)作为测量元件，其具有输入阻抗较大、精度高、速度快等优势。模拟万用表将最终被数字万用表替代。

【实验目的】

1. 了解数字万用表的基本工作原理和功能。
2. 掌握使用数字万用表测量交、直流电压(电流)。
3. 掌握使用数字万用表测量电阻、电容。
4. 掌握使用数字万用表测量二极管、三极管参数。

【实验原理】

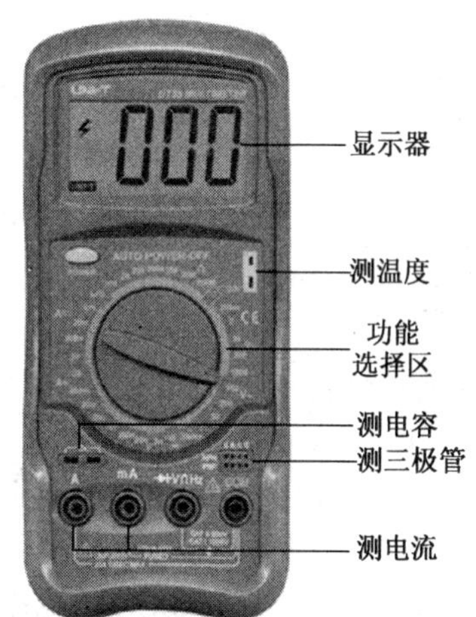

图 1　UT55 标准型数字万用表

数字万用表的测量核心器件是 ADC，它是一种将模拟电压或电流信号转化为数字信号的集成电路。数字万用表有多种精度等级①，常用的三位半数字万用表的输入阻抗为 10 MΩ，测量精度为 0.5%；四位半数字万用表的输入阻抗为 100 MΩ，测量精度为 0.05%；目前，数字万用表的最高精度为七位半，对应测量精度达到 5×10^{-8}。数字万用表的详细资料可参考本书“实验 20　数字万用表的原理和设计”。

【实验仪器】

UT55 标准型三位半数字万用表、电阻、电容、二极管、三极管、可调电源、K 型热电偶等。UT55 数字万用表的功能指标如表 1 所示。

表 1　UT55 标准型数字万用表功能指标

基 本 功 能	量程及功能	基本精度
直流电压测量	200 mV/2 V/20 V/200 V/1 000 V	±0.5%
交流电压测量	2 V/20 V/200 V/750 V	±0.8%

① 数字万用表的精度通常使用“×位半”表示。×位半，代表 0～9 的显示有×位，最高位显示为 0 或 1 则记为1/2位(半位)、0～4 则记为 3/4 位、0～5 则记为 4/5、最高位显示为 0～6 则记为 5/6。常见的精度及满量程示数有：$3\frac{1}{2}$：1 999，$4\frac{1}{2}$：19 999，…，$7\frac{1}{2}$：19 999 999；$3\frac{3}{4}$：3 999，$4\frac{3}{4}$：39 999，$5\frac{3}{4}$：399 999；$3\frac{4}{5}$：4 999，$4\frac{4}{5}$：49 999；$3\frac{5}{6}$：5 999 等。

续表

基本功能	量程及功能	基本精度
直流电流测量	2 mA/20 mA/200 mA/20 A	±0.8%
交流电流测量	20 mA/200 mA/20 A	±1%
电阻阻值测量	200 Ω/2 kΩ/20 kΩ/200 kΩ/2 MΩ/20 MΩ/200 MΩ	±0.8%
电容容量测量	2 nF/20 nF/200 nF/2 mF/20 mF	±4%
温度测量(需配K型热电偶)	−40℃～1 000℃	±1%
信号频率测量	0～20 kHz	±1.5%
二极管/通断测试	二极管VF、极性、击穿(短路)判定	/
三极管测试	类型识别、放大倍数测量、引脚功能识别	/
睡眠功能	停机工作10 min自动关闭	/
工作电源欠压提示	工作电源电压不足时提示换电池	/

【实验内容与步骤】

一、用数字万用表测交、直流电压

黑表笔插“COM”孔，红表笔插“二极管、电压、电阻、频率”孔；判定待测电压是直流还是交流，选择对应的交流/直流电压测量功能。将红表笔和黑表笔并联在待测的两点上，显示的示数即为待测电压值。

测直流电压时，数字万用表的显示示数即为待测电压值，示数前的“+”号表示红表笔电压比黑表笔高，反之为“−”号。测交流电压时，数字万用表的示数表示交流电压的有效值(注意，可测量的交流电压频率一般不能超过20 kHz)。

二、用数字万用表测交、直流电流

黑表笔插“COM”孔，红表笔根据待测电流的大小，插在“A或mA”孔(若被测电流为毫安级，红表笔插在“mA”孔；若被测电流为安培级，红表笔插在“A”孔)；判定待测电流是直流还是交流，选择对应的交流/直流电流测量功能。将红表笔和黑表笔串联在待测回路上，显示的示数即为待测电流值。

测直流电流时，数字万用表的显示示数即为电流大小，示数前的“+”号表示电流从数字万用表的红表笔流向黑表笔，反之为“−”号。测交流电流时，数字万用表的示数表示交流电流的有效值(注意，可测量的交流电流频率一般不能超过20 kHz)。

三、用数字万用表测量电阻

黑表笔插“COM”孔，红表笔插“二极管、电压、电阻、频率”孔；将数字万用表的测量旋钮转到电阻测量挡，将红黑表笔并联在待测电阻的两个引脚上，显示的示数即为待测电阻阻值。

注意：① 将红、黑表笔短接，此时数字万用表上显示的数据(一般为0.01～0.10)为数字万用表的表针接触电阻，严格测量待测电阻时，应该将待测电阻的测量读数减去表针接触电阻示数；② 测量电阻时必须至少保证电阻的其中一个引脚是悬空的(待测电阻不与其他电路构成网络),否则测量不准确。

四、用数字万用表测量晶体二极管、三极管的相关参数

1. 二极管参数检测

将数字万用表的测量挡位换到二极管检测挡,黑表笔插“COM”孔,红表笔插“二极管、电压、电阻、频率”孔。用红、黑表笔分别搭在二极管的两个极上,根据以下现象判定:

(1) 如果显示示数为“0”,且发出报警声,则表示所测试的二极管击穿(两个引脚电阻为零),该功能通常用于电路设计中检查任意两点的通断特性。

(2) 如果显示示数为“1”,则表示红表笔和黑表笔之间的电阻无穷大;对于待测的二极管,如果两个引脚均未处于开路状态,则表示红表笔接在二极管的负极(N),黑表笔结在二极管的正极(P)。示数“1”表示在数字万用表所能提供的测试电压下,二极管的反向电流为零或还未达到二极管的反向击穿电压。

(3) 如果显示示数为“0.×××～1.999”,则表示红表笔接在二极管的正极(P),黑表笔接在二极管的负极(N)。示数“0.×××～1.999”即为所测试的二极管的正向导通压降 V_F 的大小。

注:① 二极管的正向导通压降 V_F 是二极管的关键参数之一,在电路设计的理论计算中经常要使用它。锗材料二极管的正向压降为 0.3～0.5 V,硅材料二极管约为 0.7 V,小功率 LED 的 V_F 通常为 1.2～2.5 V,大功率 LED 的 V_F 通常为 2.5～3.6 V;② 对于正向压 V_F 超过 1.999 V 的二极管,一般不能通过三位半数字万用表的二极管检测挡测量其正向导通 V_F。实际测试时可将 LED 与电阻串联,使用可调稳压电源加载在该串联电路上使 LED 导通(发光),并使用万用表的电压测量挡检测 LED 两端的电压,缓慢增减电源电压,如果 LED 正常发光且其两端电压不随电源电压变化,则当前的电压即为该 LED 的正向导通压降 V_F。

2. 三极管参数检测

将数字万用表测量挡位换到“hFE”,将未知型号三极管的三个引脚任意插入“NPN 或 PNP”中的一排四个测量孔中(对于引脚过大、过小或过短的大封装或贴片封装三极管,可以使用引线连接后再插入)。如果万用表显示器上显示示数为“30～1 000”,则待测三极所插的一排孔的字符标示“NPN 或 PNP”待测三极管的类型(“NPN”或“PNP”);三个引脚对应的孔上的字母(B、C 或 E)即为待测三极管的引脚功能字符;万用表显示的示数“30～1 000”即为当前所测三极管的放大倍数 β(hFE)。

五、用数字万用表测量温度

使用 K 型热电偶测量打火机、酒精灯、蜡烛等火焰温度(选做内容)。

六、用数字万用表测量电容

测量对象可选用 2.2 μF 电解电容、0.01 μF 陶瓷电容等(选做内容)。

七、用数字万用表测量交流信号频率

(选做内容,可以在测量交流电压/电流的同时完成)

【注意事项】

1. 数字万用表的红黑表笔所代表的输出极性与模拟表相反。

2. 数字万用表在测量直流和交流电压或电流时，测量挡位选择旋钮必须处于对应功能上，否则测量数据不正确(新式的自动换挡数字万用表不用考虑该问题)。

3. 数字万用表在测量电流时，应特别注意要根据待测电流的大小，将红表笔插到对应的电流测量孔上，错误的挡位选择会使数字万用表过载损坏(新式的自动换挡数字万用表不用考虑该问题)。

4. 测量电容、三极管、温度等参数时，应将待测元件插到对应的测量孔上(该三类功能一般不使用表笔)。

【问题与讨论】

1. 分析数字万用表测量电容的原理，万用表所使用的核心测量器件 ADC 是否能通过设计实现电感量的测量功能？请给出你的电容和电感测量设计方案。(提示：可以根据 LC、RC 谐振电路特性，结合万用表频率测量功能进行分析。)

2. 查阅资料，分析万用表的核心测量器件 ADC 是如何实现频率测量功能的？(提示：可以查阅有关频率-电压转 FVC 的相关知识。)

(陈秉岩)

实验 4　静态拉伸法测定金属杨氏弹性模量

杨氏模量是描述固体材料抵抗形变能力的重要物理量，是在机械设计及材料性能研究中必须考虑的重要力学参量。本实验利用静态拉伸法测量金属材料的杨氏弹性模量，研究拉伸应力与线应变的关系。金属材料的拉伸特性如图 1 所示，图中 σ_y 为屈服极限，对应数值为屈服强度；σ_b 为断裂极限，对应数值为抗拉强度。从图中可以看出，金属抗拉强度高于屈服强度。

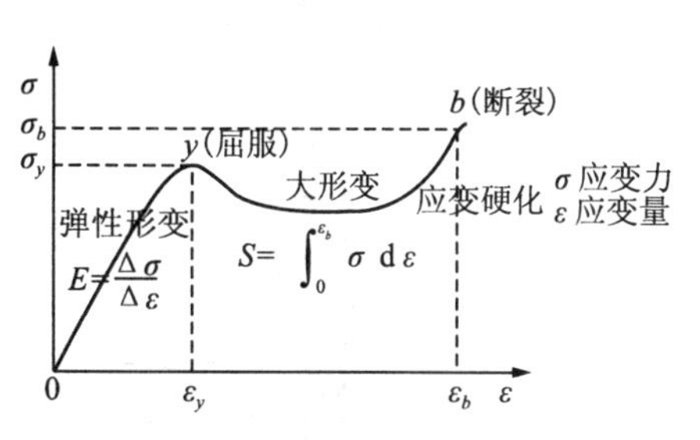

图 1　金属应力-应变曲线

【实验目的】

1. 学习用拉伸法测量金属丝的杨氏弹性模量。
2. 掌握用光杠杆法测量长度微小变化的原理及方法。
3. 学会用逐差法处理数据。

【实验原理】

一、杨氏模量定义与物理意义

如图 2 所示，一粗细均匀的金属丝，长度为 L，横截面积为 S，将其上端固定，下端悬挂砝码。金属丝在外力 F 作用下发生形变，伸长了 ΔL。

根据胡克定律，在物体的弹性限度内，应力 F/S 与应变 $\Delta L/L$ 成正比，即

$$\frac{F}{S}=Y\cdot\frac{\Delta L}{L}\tag{1}$$

其比例系数：

$$Y=\frac{FL}{S\Delta L}\tag{2}$$

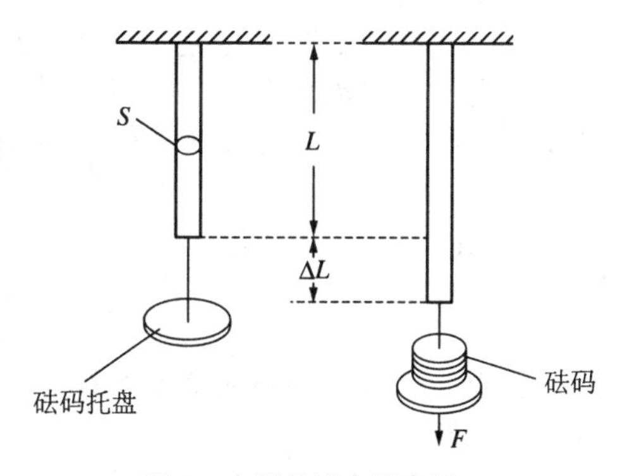

图 2　金属丝形变示意图

称为杨氏弹性模量，简称杨氏模量。

杨氏模量仅取决于物体材料的性质，与物体的几何尺寸及外力作用的大小无关。对一定的材料而言，Y 是一个物理常数。它反映的是物体发生的弹性形变的难易程度。

二、杨氏模量测量

设金属丝的直径为 d，则 $S=\frac{\pi d^2}{4}$，将此式代入式(2)，得：

$$Y=\frac{4FL}{\pi d^2\Delta L}\tag{3}$$

式(3)的右端各量中 F、L、d 均可用一般方法测得，但伸长量 ΔL 是一个微小变量，很难

用一般方法测得。实验中采用光杠杆镜尺法测量此量。

三、光杠杆镜尺法测量微小长度变化的原理

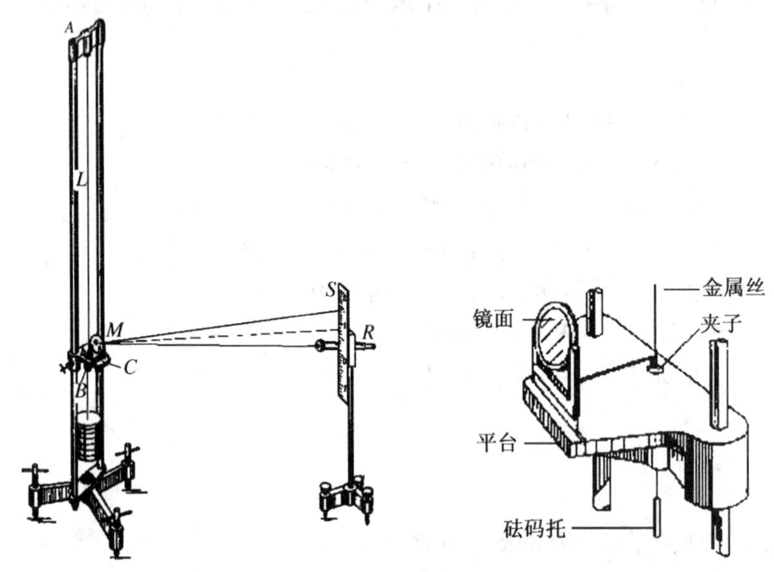

图 3　光杠杆测扬氏模量装置图

如图 3 所示，测量时将光杠杆两前足尖 f_2、f_3（如图 4 所示）放在平台上的横槽内，后足尖 f_1 放在小圆柱体下夹头的上面，镜面 M 垂直平台。未增加砝码时，平面镜 M 的法线与望远镜轴线一致，从望远镜中读得的标尺读数为 N_0。当增加砝码时（如图 5 所示），金属丝伸长 ΔL，光杠杆后足尖 f_1 随之下降 ΔL，平面镜 M 转过 α 角至 M' 位置，平面镜法线也转过 α 角，从 N_0 发出的光线被反射到标尺上某一位置（设为 N_2）。根据光的反射定律，反射角等于入射角，即 $\angle N_0ON_1=\angle N_1ON_2=\alpha$（$ON_1$ 为平面镜转过 α 角后的法线位置），所以 $\angle N_0ON_2=2\alpha$。由光的可逆性原理，从 N_2 发出的光经平面镜 M' 反射后进入望远镜而被观察到。从图中的几何关系可得：

$$\tan\alpha\approx\frac{\Delta L}{b}\quad \tan 2\alpha=\frac{\Delta N}{D}$$

式中 D 为标尺到平面镜的距离（$D=ON_0$），ΔN 为标尺两次读数的变化量，此处 $\Delta N=|N_2-N_0|$。

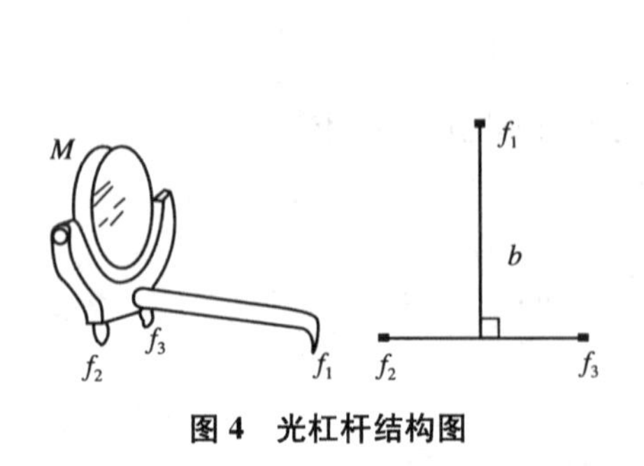

图 4　光杠杆结构图

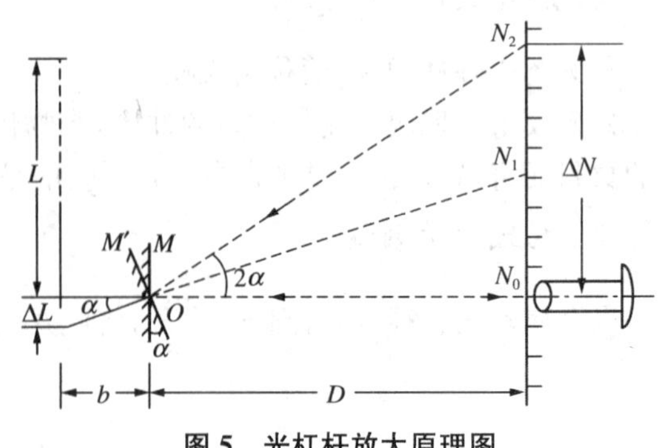

图 5　光杠杆放大原理图

因 ΔL 很小，且 $\Delta L \ll b$，故 α 很小，所以

$$\tan\alpha \approx \alpha \approx \frac{\Delta L}{b} \tag{4}$$

$$\tan 2\alpha \approx 2\alpha \approx \frac{\Delta N}{D} \tag{5}$$

由式(4)和(5)消去 α 得：
$$\frac{\Delta L}{b} = \frac{\Delta N}{2D}$$

即：
$$\Delta L = \frac{b}{2D} \cdot \Delta N \tag{6}$$

此式即为光杠杆测量微小伸长量的原理公式。这种光学放大方法不但可以提高测量的准确度，而且可以实现非接触测量。

四、测量公式

将式(6)代入式(3)得杨氏模量 Y 的测量公式：

$$E = \frac{8FLD}{\pi d^2 b \Delta N} = \frac{8mgLD}{\pi d^2 b \Delta N} \tag{8}$$

式中 L 为待测金属丝的长度，D 为标尺到平面镜的距离，d 为金属丝的直径，b 为光杠杆后足尖到两前足尖连线的垂直距离，m 为所加砝码的总质量，N 为标尺读数的变化量。

【实验仪器】

杨氏模量仪、光杠杆、镜尺组(包括望远镜和标尺)、钢卷尺、螺旋测微计。

【实验内容与步骤】

1. 调节支架底座的三个螺丝，使支架垂直，并使夹持钢丝下端的夹头能在平台小孔中无摩擦地自由活动。同时在砝码托上加一个砝码使钢丝拉直。
2. 将光杠杆放在平台上，两前足尖放在平台的沟槽中，调节后足尖，使其放在下夹头的上表面，不得与钢丝相碰，不得放在夹子和平台之间的夹缝中，粗调小平面镜垂直平台。
3. 调节望远镜标尺至光杠杆平面镜的距离为 1.5～2.5 m。
4. 调节望远镜高度使其与反光镜等高。
5. 让眼睛和望远镜等高，调节反光镜俯仰角度，在反光镜中看到自己眼睛的像。
6. 调节望远镜左右位置及角度，使望远镜上方的瞄准镜对准反光镜，并同时在反光镜中心看到刻度尺。
7. 调节望远镜调焦旋钮，在望远镜中看到反光镜镜面或边缘，调节望远镜俯仰角度，使反光镜在视场中心。
8. 调节望远镜调焦旋钮，看到清晰的刻度尺。
9. 记下有一个砝码时望远镜中刻度尺的读数。
10. 依次增加砝码，读数并记入表格。
11. 计算金属丝的杨氏弹性模量。

【实验注意事项】

1. 系统调节好后，在测量过程中，不能移动任何仪器。

2. 加减砝码时要轻拿轻放，避免晃动，待钢丝稳定后方可读数。
3. 用逐差法处理数据时注意两个变量 F 和$\overline{\Delta N}$的对应关系。
4. 调节前，应确定钢丝是否夹紧，测量平台是否水平、铅直。

【数据记录与处理】

1. 记录增减砝码时十字交叉线的水平线所对标尺的刻度值 N。

增减砝码时标尺读数的数据处理。$\Delta_{仪}=0.05$ mm

测量次数 i	砝码 m(kg)	标尺读数 N_i(mm)		增减读数元平均值(mm) $\overline{N_i}=\dfrac{N_i+N_i'}{2}$	逐差值(mm) $\Delta N_i=\overline{N_{i+3}}-\overline{N_i}$
		增重时 N_i	减重时 N_i'		
1	1.0				
2	2.0				
3	3.0				
4	4.0				$\overline{\Delta N}=$______mm
5	5.0				
6	6.0				
	7.0				

2. 用螺旋测微计测金属丝直径 d，上、中、下各测 2 次，共 6 次然后取平均值。

螺旋测微计初始读数 $d_0=$________mm

	1	2	3	4	5	6	平均
钢丝直径 d_1(mm)							
真实直径 $d=d_1-d_0$(mm)							

3. 用米尺测量 L、D，用游标卡尺测量 b。

$L=$________cm$=$________mm，$D=$________cm$=$________mm，$b=$________cm$=$________mm

4. 将测得的各物理量代入公式，计量出钢丝的杨氏弹性模量(注意有效数字运算法则)：

$$E=\frac{8mg\,\overline{LD}}{\pi\overline{d}^2\overline{b}\ \overline{\Delta N}}=\_\_\_\_\_\_\_\_\ \mathrm{N\cdot m^{-2}}$$

【问题与讨论】

1. 用光杠杆测量微小形变量时，改变哪些物理量可以增加光杠杆的放大倍数？
2. 哪些因素会给实验测量结果带来误差，如何较小这些误差？
3. 哪个量的测量是影响实验结果的主要因素？操作中应该注意什么问题？

(陈秉岩　杨建设)

实验 5　补偿法与直流电位差计

电位差计又叫电位计，是利用补偿原理测量电动势（或电压）的一种仪器。测量时不影响被测电路的参数，不但可以测量电动势、电流、电阻、校正电表等，而且在非电量（如温度、压力等）测量中也占有重要的地位，是一种比较经典的测量电路。虽然当今 ADC 的精度已做到 24bit，或六位半、七位半，输入电阻可达到 $10^8\ \Omega$ 以上，在计量工作和高精度测量中被广泛利用。电位差计与新式高精度 ADC 相比，在测量速度和使用方便性等方面存在很多不足，但其补偿原理却在各种高精度测量中得到广泛的应用。

【实验目的】

1. 学习和掌握电位差计的补偿原理。
2. 学会用十一线电位差计来测量未知电动势。
3. 培养分析线路和实验过程中排除故障的能力。

【实验原理】

在直流电路中，电池电动势在数值上等于电池开路时两电极的端电压。因此，在测量时要求没有电流通过电池，测得电池的端电压，即为电池的电动势。但是，如果直接用伏特表去测量电池的端电压，由于伏特表总要有电流通过，而电池具有内阻，因而不能得到准确的电动势数值。

在图 1 所示的原理电路中，E_0为可调节电源的电动势，E_x为待测电池的电动势。调节 E_0的大小，使检流计 G 指针指零，则有

$$E_x = E_0 \tag{1}$$

此时，E_x两端的电位差与 E_0两端的电位差相互补偿，我们称电路达到补偿状态。在补偿条件下，若已知 E_0的数值，就可求出 E_x。这种测量电动势的方法称为补偿法，该电路称为补偿回路。由上可知，为了测量 E_x，关键在于如何获得可调节的电源 E_0，并要求该电源：① 便于调节；② 稳定性好，能够迅速读出其准确的数值。可采用电子标准电池，如 TL431 芯片，温度系数为 20～30 ppm/℃，或者 ADI 公司的 ADR02BRZ 芯片，温度系数≤3 ppm/℃，稳定性更高。下面讨论教学用的十一线电位差计是怎样来实现上述可调节电源 E_0的。

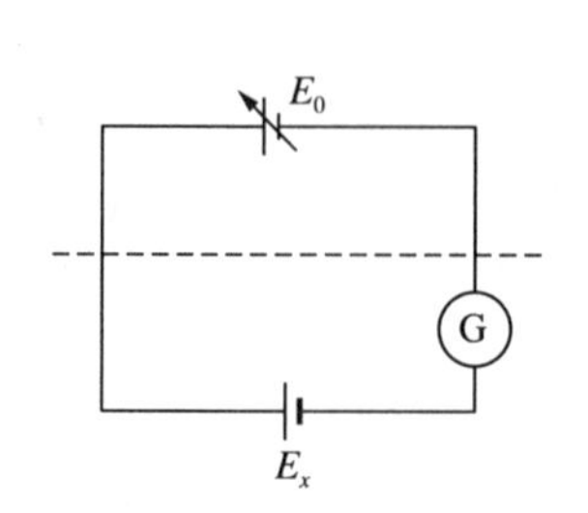

图 1　补偿法原理图

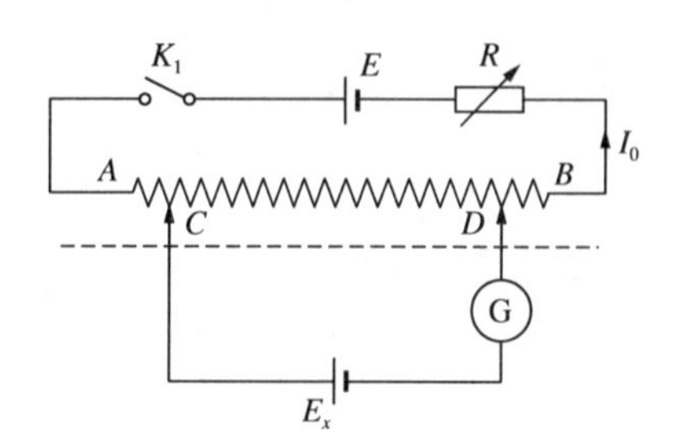

图 2　十一线电位差计原理图

直流电位差计的原理简图如图 2 所示。回路 AK_1ERBA 为辅助工作电路，CE_xGDC 为补偿电路。AB 为 11 m 粗细均匀的电阻丝，它的电阻 R 与长度 L 成正比，即 $R=\rho L$，ρ 为电阻率（随温度变化而变化）。C 与 D 为活动夹，K_1 为开关，E 为工作电源电动势，E_x 为待测电动势，G 为检流计，R 为电阻箱。当 K_1 闭合时，辅助工作回路中的电流为 I_0，根据欧姆定律可知，电阻丝 AB 上任意两点间的电压 U 与两点间的距离成正比。因此，在电压 $U_{AB}>E_x$ 的条件下，可以改变 CD 的间距，使检流计 G 指零，此时，C、D 两点间的电压 U_{CD} 就等于待测电动势 E_x。对比图 1 和 2 中虚线上方可见，U_{CD} 就相当于可调节电源的电动势 E_0，即

$$E_x=U_{CD} \tag{2}$$

而

$$U_{CD}=I_0\rho L_{CD} \tag{3}$$

在工作过程中，电流 I_0 保持不变，式(3)可写为 $U_{CD}=KL_{CD}$

式中 $K=I_0\rho$ 称为工作电流标准化系数，单位是 V/m。于是由(2)式得

$$E_x=KL_{CD} \tag{4}$$

可见 K 代表电阻丝 AB 上单位长度两端的电位差。因此(4) 式说明当 K 维持不变时（即工作电流 I_0 不变），可以用电阻丝 CD 两点间的长度 L_{CD}（力学量）来反映待测电动势（电学量）的大小。为此，必须确定 K 的数值。为使读数方便起见，取 K 为 0.1 V/m 或 0.2 V/m，…，1.0 V/m 等数值（K 取不同的值，电位差计的最大量程不同），由于 $K=I_0\rho$，而且 ρ 已经确定，所以只有调节工作电流 I_0 的大小，才能得到所需的 K 值，这一过程通常称作“工作电流标准化”。工作电流标准化的过程与测量未知电动势的过程正好相反。在图 3 电路中，用标准电池 E_S 来代替 E_x（标准电池电动势 $E_S=1.018\,6$ V，20℃时），若选用工作电流标准化系数 K 为某数值，则调整 CD 的间距 $L_{CD}=E_S/K$，然后调节 R_S，使流过检流计 G 的电流为零，这样 L_{CD} 两端的电压就等于标准电池电动势 E_S，此时辅助工作回路的工作电流 I_0 正好满足 K 的要求。例如，现选定 $K=0.200\,00$ V/m，调整 CD 的间距 $L_{CD}=E_x/K=1.018\,6/0.200\,00=5.093\,0$(m)。然后调节 R_S，使检流计指零；此时 5.093 0 m 长的电阻丝上电压为 1.018 6 V，所以，每米电阻丝的电压为 0.200 00 V，完成了 $K=0.200\,00$ V/m 的工作电流标准化。

综上所述，十一线电位差计完整的原理电路应如图 3 所示，分别设置两个补偿回路。单刀双向开关 K_2 首先应接通 E_S，进行工作电流标准化。此时

$$E_S=KL_{CD} \tag{5}$$

然后 K_2 接通 E_x 对未知电动势 E_x 进行测量。

$$E_x=KL_{C'D'} \tag{6}$$

由(5)、(6)式得到

$$E_x=E_S\frac{L_{C'D'}}{L_{CD}} \tag{7}$$

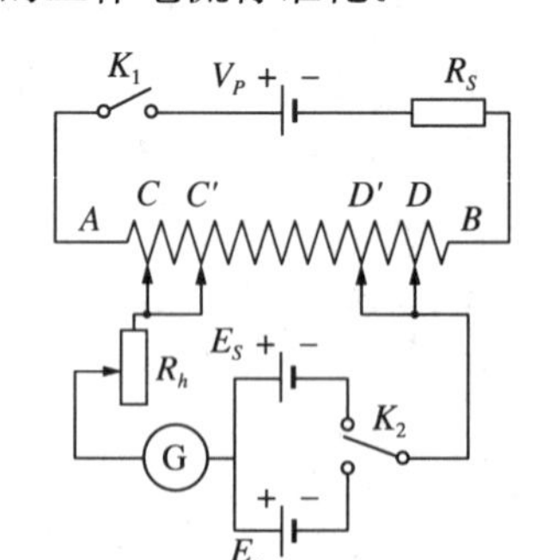

图 3　直流电位差计测电动势电路原理图

其中 E_S 是温度 t 的函数，可由后面的(11)式求得。又

$$E_S=\frac{V_P\cdot R_{CD}}{R_{AB}+R_S} \tag{8}$$

$$R_{CD}=\rho L_{CD} \tag{9}$$

$$L_{CD}=\frac{E_S}{K} \tag{10}$$

将V_P值和公式(8),(9)代入式(10)可求得工作电流标准化后的R_S值。

本实验的测量准确度在于以下因素:11 m电阻丝每段长度的准确度和粗细的均匀性;标准电池的准确度;检流计的灵敏度;工作电流的稳定性。用电位差计测电动势具有如下优点:

(1) 准确度高。因为精密电阻R_{AB}可以做得很均匀、准确,标准电池的电动势E_S准确稳定,检流计很灵敏,电源很稳定,可以作为标准仪器校验。

(2) 灵敏度高。可测量微小电压值和电动势。

(3) 电位补偿原理测电压,补偿回路电流为零,不影响待测电路。用伏特表测电压,被测电路的一部分电流会流过伏特表,从而改变待测电路状态,伏特表内阻越小影响越大。

【实验仪器设备】

直流电位差计、检流计G、保护电阻R_h、电阻箱、直流稳压电源、标准电池、待测电池、单刀开关K_1、双刀双向开关K_2、导线。

一、直流电位差计

本实验采用的电位差计如图4所示。图中的虚线框代表一块木板,其上装有11 m长电阻线,折成11段,每段长1 m。1,2,3,…,10分别为接线柱,C为粗调接线头,每换一个接线柱,长度改变1米或数米。D为细调,当滑键D左右移动时,长度在1 m范围内改变,读数可由线上的毫米刻度尺读出。

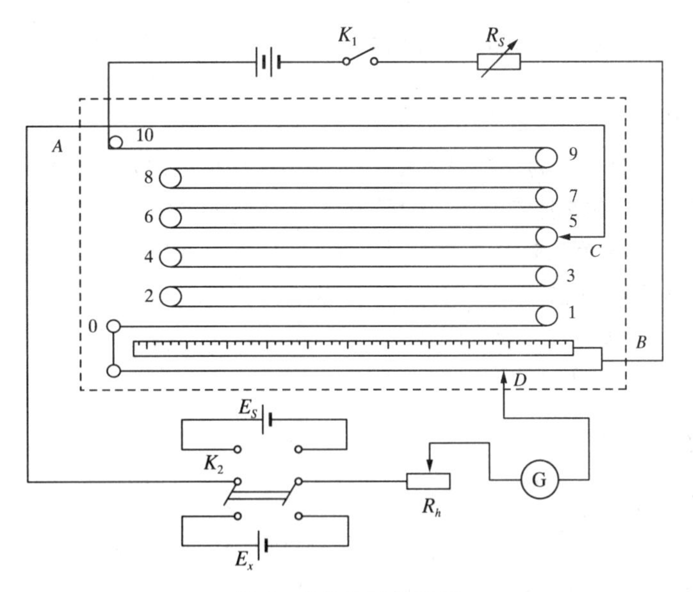

图4 电位差计接线图

二、直流稳压电源

本实验采用如图5所示的三路可编程直流稳压电源(Keithley,2231A-30-3),在本实验中使用其中一个具备 0～30 V 输出的通道即可。该电源的主要功能和技术指标如下：① 独立的开启/关闭(On/Off)控制以及隔离的通道；② 所有通道(CH1、CH2 和 CH3)都可独立编程；③ 通过模拟通道组合，可串联输出电压至 60 V，或并联输出电流至 6 A；④ 高精度输出控制，基本电压测量准确度 0.06％，基本电流测量准确度 0.2％；⑤ 低噪声线性稳压，波纹和噪声低于 5 mV_{pp}；⑥ 具有输出过载和定时器保护功能；⑦ 可通过 USB 适配器与计算机连接。

仪器功能和参数设置过程：① 连接市电供电电缆后，通过电源(Power) 按键开关电源；② 通过输出开关(On/Off)按键选择是否对外供电，当该按键亮灯时电源对外供电，灭灯时停止对外供电；③ 通过“CH1，CH2，CH3”三个按键选择电源的输出参数设置，此时，先通过“V－Set”或“I－Set”两个按键，选择需要调整的“电压”或“电流”参数，再通过右上角的旋钮(旋转编码器)增减所需要设置的“电压”或“电流”参数；④ 如果要对所设置的参数进行保存或读取，可以通过仪器面板的“Save”和“Recall”两个按键实现；⑤ 更多功能设置，请参考该电源操作手册。

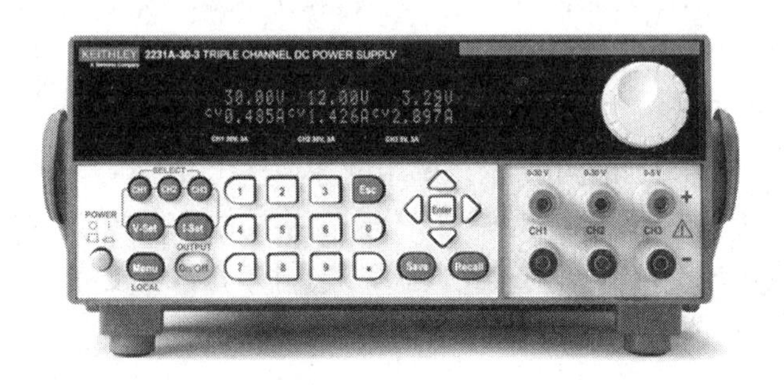

图 5　Keithley 2231A－30－3 直流稳压电源控制面板

三、基准电压源(标准电源)

本实验采用标准电池作为基准电压源。所采用的标准电池可分为饱和标准电池和不饱和标准电池两种，其主要差别在于其中的硫酸溶液是饱和溶液还是非饱和溶液。不饱和标准电池在 10～50℃温度范围内其电动势是稳定的，几乎与温度无关。然而饱和标准电池的电动势则与温度有关，在室温为 t℃时，其电动势可按下式计算：

$$E_S = E_{20} - 4\times10^{-5}(t-20) - 9\times10^{-7}(t-20)^2 \tag{11}$$

室温 $t=20$℃时，$E_{20}=1.018\,6$ V。

【实验注意事项】

1. 标准电池不许通过大于 1 μA 的电流，不能作电源用。
2. 禁止用伏特表或模拟式万用表直接测量标准电池的电动势。
3. 标准电池内含对光敏感的硫酸亚汞，不能使其暴露在光照中。

【实验内容和步骤】

1. 连接线路

参照图 4 连接线路。此线路中器件较多，接线较为复杂，接线前应先分析一下线路的特点，合理布置好各仪器、器件，然后“分区接线”，先接辅助工作回路，再接补偿电路。

2. 调节工作电流（电流标准化）

(1) 由室温 t，计算出 E_S，取 $K=0.200\ 0$ V/m。计算 $L'=E_S/K$，调节 $CD=L'$。

(2) 根据十一线电位差计电阻丝的电阻值、工作电源 E（E 一般取 10 V）和工作电流标准化系数 K，估算电阻箱 R_S 可能选取的数值范围。

(3) 取适当数值的保护电阻 R_h（可取 0 欧），将 K_1 接通，K_2 掷向 E_S 一侧，微调电源 E 和标准电阻 R_S，使检流计 G 无偏转。此时电阻丝 AB 上的电位差为 0.200 0 V/m，标准化完成。

3. 测未知电动势

使用万用表粗略测试未知电源电动势 E_x，根据公式(7)估算 E_x 所对应的电阻丝长度 L_x（即 $L_{C'D'}$）。然后将 C 插入对应长度的插孔内，滑动滑键 D，使检流计 G 无偏转。此时，精确记录电阻线长度 L_x，并用公式(7)计算准确的 E_x。重复测量三次（每次都要电流标准化）求 E_x 的平均值。

【实验数据记录与处理】

室温 $T=$______℃；标准电动势 $E_S=$______V；$K=0.200\ 0$ V/m；$L_{CD}=\dfrac{E_S}{K}=$______m。

实验数据记录表格

次数	1	2	3
V_P(V)			
R_S(Ω)			
$L_{C'D'}$(m)			
E_x(V)			
$\overline{E}_x$(V)			

【问题与讨论】

1. 在图 4 线路中，闭合 K_1，将 K_2 掷向 E_S 或 E_x 后，有时无论怎样调节活动头 C 和 D，电流计的指针总是向一边偏转，试分析可能是哪些原因造成的？

2. 为什么要有调整工作电流这一步骤？

（陈秉岩　文　文）

实验 6　分光计的调节和使用

分光计是一种测量光线偏转角的仪器。在分光计的载物台上放置色散棱镜或衍射光栅,它就成为一台简单的光谱仪器;在分光计上装上光电探测器,还可以对光的偏振现象进行定量的研究,因此分光计是光学实验中的一种基本仪器。为了保证测量的精确,分光计在使用前必须调整。学习分光计的调整方法是使用光学仪器的一种基本训练。

【实验目的】

1. 了解分光计的结构,学会正确的调节和使用方法。
2. 学会用分光计测量光学平面间夹角的方法。
3. 利用已知波长的单色光,测定光栅常数或反之。

【实验原理】

衍射光栅是利用多缝衍射原理使光波发生色散的光学元件,它由大量的相互平行的、等间距的狭缝(或刻痕)组成。由于光栅具有较大的色散率和较高的分辨本领,故它被广泛地应用于各种光谱仪器中。实验用的光栅一般是复制光栅。当光照射在光栅平面上时,刻痕处不易透光,只有在两刻痕之间的光滑部分,光才能通过,相当于一条狭缝,因此,光栅实际上是一排排密集、均匀而平行的狭缝。如图 1 所示,透光(反光)部分的宽度为 a,不透光(不反光)部分的宽度为 b,光栅常数(两缝之间的距离)为 $d=a+b$。光栅的狭缝数一般为 500～5 000条/cm。

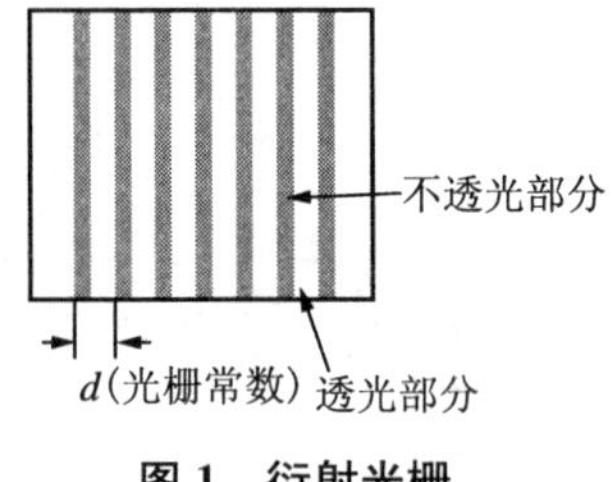

图 1　衍射光栅

用单色平行光照明此光栅,通过每个狭缝的光都发生衍射,且各狭缝之间又存在干涉,通过透镜会聚后,在透镜的焦平面上形成一组亮线,称为光栅的衍射光谱线。

如图 2,按衍射理论计算,E 平面上光谱线分布规律为

$$(a+b)\sin\theta_K=K\lambda \qquad (K=0,\pm1,\pm2,\cdots) \tag{1}$$

(1)式称为光栅方程,其中$(a+b)$为光栅常数,λ 为入射光波长,K 为明条纹级数,θ_K 为对应明条纹的衍射角。

本实验是以单色光波长 λ(或光栅常数 $a+b$)为已知量,在分光计上测出对应某一级 K 的明条纹的衍射角 θ_K,利用光栅方程得出未知量 $a+b$(或 λ)。

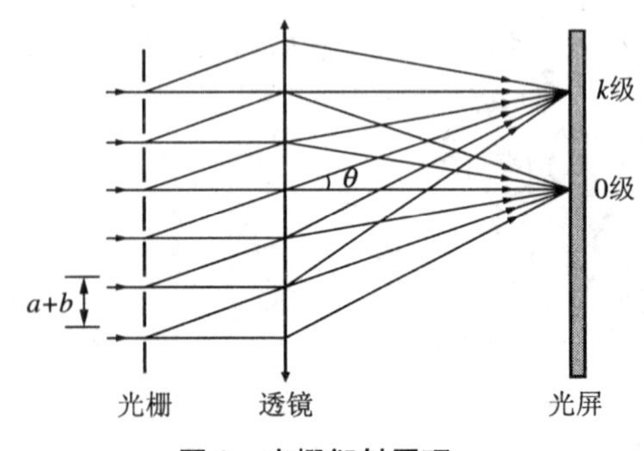

图 2　光栅衍射原理

【实验仪器】

JJY-1′型分光计、钠灯、光栅片、平面反射镜等。

JJY－1′型分光计结构如图3所示。该分光计由“阿贝”式自准直望远镜、装有可调狭缝的平行光管、可升降的载物平台及光学度盘游标读数系统四大部分组成。

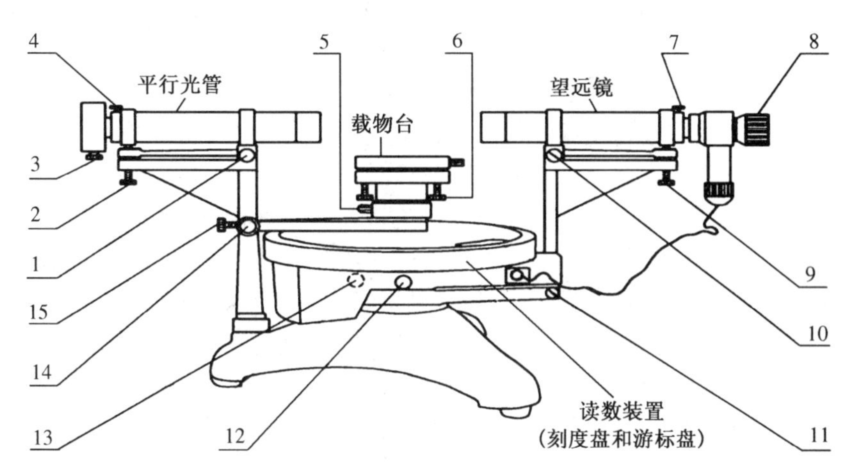

1—平行光管光轴水平调节螺钉：调节平行光管光轴的水平面方位；2—平行光管光轴高低调节螺钉：调节平行光管光轴的垂直面方位；3—狭缝宽度调节手轮：调节狭缝宽度(0.02～2.00 mm)；4—狭缝位置固定螺钉：松开时狭缝可前后移动，调好后锁紧；5—载物台固定螺钉：松开时载物台可单独转动、升降，锁紧后载物台与游标盘固联；6—载物台调平螺钉(3只)：台面水平调节(实验中，用于调平面镜和三棱镜折射面平行于中心轴)；7—叉丝套筒固定螺钉：松开时叉丝套筒可自由伸缩、转动(物镜调焦)，调好后锁紧；8—目镜调焦轮：调整目镜焦距，使视场叉丝清晰；9—望远镜光轴高低调节螺钉：调节望远镜光轴的倾斜度(垂直方位调节)；10—望远镜光轴水平调节螺钉(在图后侧)：调节望远镜光轴的水平方位(水平方位调节)；11—望远镜微调螺钉(在图后侧)：锁紧13后，调11可使望远镜绕中心轴微动；12—刻度盘与望远镜固联螺钉：松开时两者可相对转动，锁紧时两者固联动；13— 望远镜止动螺钉(在图后侧)：松开时可大幅度转动望远镜，锁紧后微调螺钉11才起作用；14—游标盘微调螺钉：锁紧15调14可使游标盘小幅度转动；15—游标盘止动螺钉：松开时游标盘能单独做大幅度转动，锁紧后微调螺钉14才起作用。

图3　JJY－1′型分光计结构

【实验内容与步骤】

一、分光计的调整

1. 用分光计进行观测时，其观测系统基本上由下述三个平面构成，如图4。

(1) 读值平面：这是读取数据的平面，由主刻度盘和游标内盘绕中心转轴旋转时所形成的。

(2) 观察平面：由望远镜光轴绕仪器中心转轴旋转时所形成的。只有当望远镜光轴与中心转轴垂直时，观察面才是一个平面，否则，将形成一个以望远镜光轴为母线的圆锥面。

(3) 待测光路平面：由平行光管的光轴和经过待测光学元件(棱镜、光栅

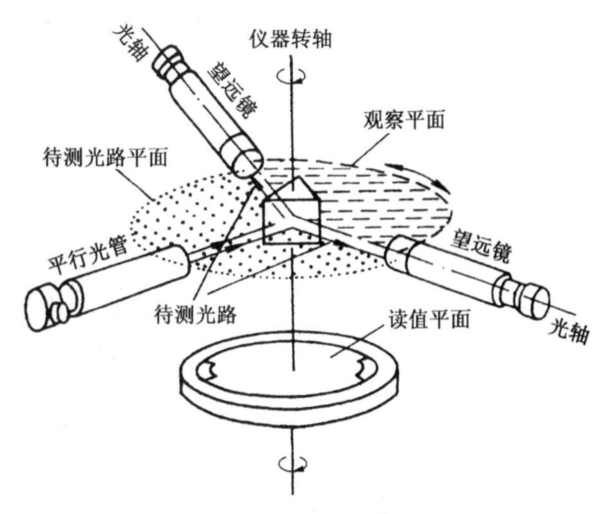

图4　分光计观测系统示意图

等)作用后所反射、折射和衍射的光线所共同确定的。调节载物台下方的三个螺丝,可以将待测光路平面调节到所需的方位。

实验中应将此三个平面调整成相互平行。

2. 调整方法

(1) 调整自准直望远镜。为了把望远镜调焦到无穷远,我们采用自准直法调节:

即在望远镜之前的载物台上放一镜面垂直于望远镜光轴的平面反射镜。在调焦过程中只要在叉丝平面上看到反射回来的清晰的叉丝像时,望远镜已调焦到无穷远了。

调整的步骤应先粗调后细调。就是先从望远镜筒外侧面观察,判断望远镜的镜筒是否垂直于载物平台上的平面镜。然后转动载物平台,调节望远镜倾斜度螺丝和载物台调整螺丝,直至眼睛与目镜中心等高后,能直接观察到由平面镜反射回来的黄斑。接着调节望远镜焦距,直至在镜中能看到光斑变成清晰明亮的"十"字叉丝像,如图5所示。

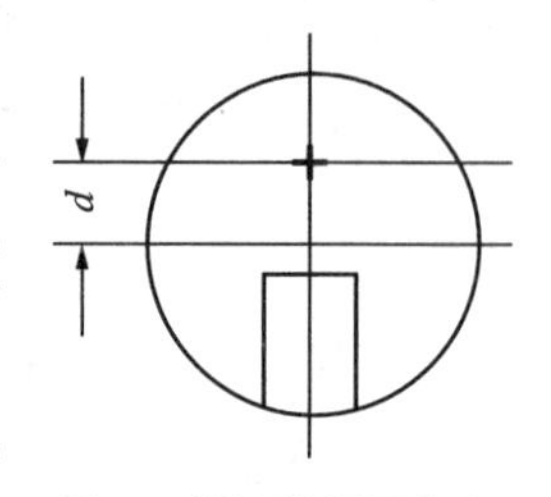

图5 望远镜视野标识

(2) 调整望远镜的光轴与分光计中心转轴垂直,载物平台与分光计中心转轴垂直。

平面镜前后两个反射面是互相平行且与其底座的底面垂直的。若望远镜及载物台均已调成与分光计中心转轴垂直,则平面镜放在载物台任意位置上,都应看到如图5所示图像。将平台转过180°观察,也应如此。

调整时要根据观察到反射像的位置进行分析,通常需分两步进行:

第一步,在载物台三只倾斜度调整螺丝 A、B、C 中选任两只,例如 A、C,将反射镜面垂直平分 AC 连线放置(如图6(a)),并将望远镜正对反射镜的一个反射面,左右微微转动载物台,从目镜中找到叉丝的反射像。然后将载物台转过180°(注意不要用手直接转动反射镜),同样找到叉丝反射像。仔细观察两个叉丝反射像相对于分划板上面一条水平线的位置,反复调节载物平台倾斜螺丝 A、C 和望远镜的倾斜度螺丝,使两面叉丝反射像的水平线与分划板上面一条水平线位置重合。

第二步,将平面镜改放在与 AC 平行的载物台直径上,如图6(b),调整螺钉 B,使反射像与叉丝重合。注意此时不能再调螺钉 A、C 及望远镜倾斜螺丝了。

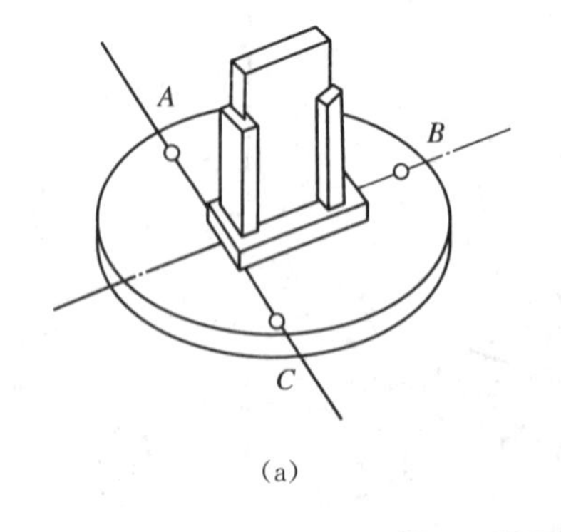

(a)

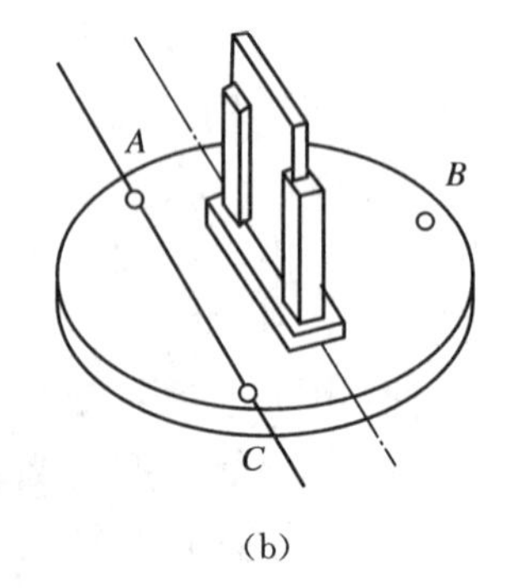

(b)

图6 平面镜摆放方式图

望远镜和载物台调好后,它们的倾斜螺丝都不能再动了。

(3) 使平行光管发出平行光,并使其光轴与分光计转轴垂直。

用已调好的望远镜作为基准，调节平行光管狭缝至透镜的距离，使在望远镜中能看到狭缝清晰的像，且像与叉丝无视差。这时平行光管已发射平行光，再调节平行光管倾斜度使水平狭缝像处于分划板上的下面一条水平线上，这样平行光管光轴与望远镜光轴就平行了。

二、三棱镜顶角测量

用一束平行光入射到三棱镜的棱角，如图7所示，光线①经 AB 面反射，光线②经 AC 面反射，二反射光线的夹角 φ 与棱角 α 的关系很容易从几何光学中求得：$\alpha=\varphi/2$。

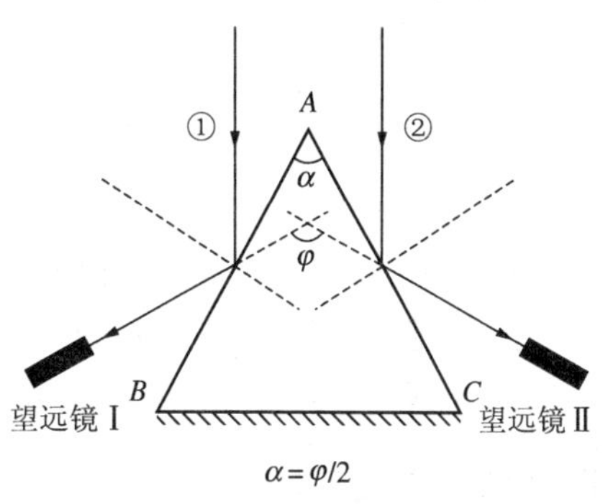

图7　三棱镜顶角测量

1. 取下平面镜，放上被测棱镜。

2. 调好游标读数盘的位置，使游标在测量过程中不被平行光管或望远镜挡住，锁紧载物台和游标盘的止动螺钉。

3. 旋转望远镜对准 AB 面适当位置，使竖直狭缝像与十字线重合，锁紧望远镜，记下左侧反射光对应的左读数窗口角游标示数 φ_1 和右读数窗口角游标示数 φ'_1。

4. 旋转望远镜对准 AC 面适当位置，使狭缝的像与十字线重合，锁紧望远镜，记下右侧反射光对应的读数盘上左读数窗口角游标示数 φ_2 和右读数窗口角游标示数 φ'_2。

5. 微调整三棱镜位置，重复测量三次。

6. 计算顶角：$\alpha=\dfrac{\varphi}{2}=\dfrac{1}{4}(|\varphi_2-\varphi_1|+|\varphi'_2-\varphi'_1|)$。

三、测定光栅常数

1. 调节好分光计，然后取下平面镜，放上光栅。

2. 调节光栅平面 MM 与平行光管垂直。方法如下：先调节平行光管的光轴和望远镜光轴同轴，再用黑纸暂时遮住平行光管，固定望远镜的止动螺钉，在载物台上放置平面光栅。因光栅表面反光，当望远镜内小灯泡被点亮后，调节光栅的放置方向，可使从光栅表面反射的十字亮线和望远镜目镜分划板上"十"型刻线上部十字线重合。这样，可认为已调到光栅平面与平行光管垂直了。

3. 松开望远镜止动螺钉，用平行光管发出的光垂直照射光栅，左右转动望远镜，可以观察到中央明纹±1，±2，…级衍射（如果用汞灯作光源，可观察到不同颜色的几组条纹套在一起的像。因为汞灯的光含有几种不同频率的光，经过光栅后即将它们分开。我们以最强的绿色谱线作为测量对象），测出中央明纹左边第一级 $K=-1$ 的明条纹所对应的偏角位置 θ_{-1}，如图8所示。同理，转动望远镜测出中央明条纹右边第一级 $K=+1$ 的明条纹偏角位置 θ_{+1}，于是，第一级明条纹偏过零级中央明纹的角度为

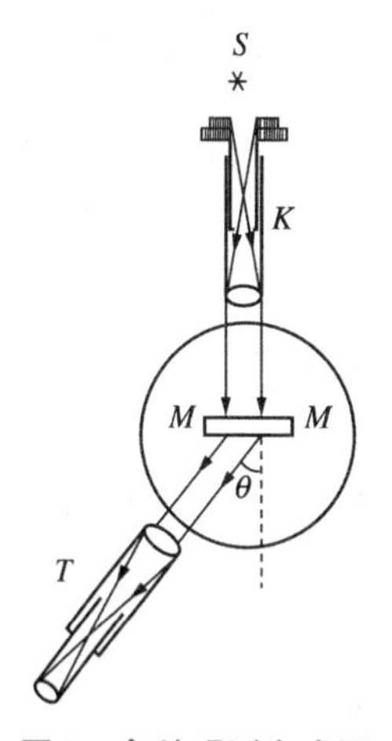

图8　条纹观测方式图

$$\theta_1=\frac{1}{2}|\theta_{+1}-\theta_{-1}|$$

4. 同理测量 $K=\pm2$ 的偏角 θ_2。θ_1、θ_2 要求各测量两次，取平均值后，代入公式(1)计算光栅常数。

【注意事项】

1. 分光计是较精密光学仪器，操作前应全面了解其结构和功能。不要随意拧动狭缝等螺钉，制动螺钉锁紧时禁止转动望远镜。

2. 严禁光栅、平面镜、三棱镜等光学配件跌落或磕碰。严禁用手触摸和擦拭所有光学器件，如有尘埃时，需使用镜头纸揩擦。

3. 正确使用制动和微调螺钉，以便提高工作效率和测量准确度。在测量数据前需检查制动螺钉是否锁紧(如未锁紧数据不可靠)。

4. 游标读数过程中，望远镜可能跨过零点。如越过刻度零点，则按式 $\varphi=360°-|\varphi_2-\varphi_1|$ 计算望远镜的转角(详见本实验附录)。

【数据记录与处理】

表 1　测量左右两反射光线的角位置，计算三棱镜顶角

测量次数	左侧反射光位置		右侧反射光位置		$\alpha=\frac{\varphi}{2}=\frac{1}{4}(\lvert\varphi_2-\varphi_1\rvert+\lvert\varphi_2'-\varphi_1'\rvert)$
	左读数窗示数 φ_1	右读数窗示数 φ_1'	左读数窗示数 φ_2	右读数窗示数 φ_2'	
1					
2					
3					
					$\bar{\alpha}=$

表 2　测定光栅常数

(绿光波长 $\lambda=5.46\times10^{-5}$ cm)

光栅级次 \ 光栅位置 \ 次数		1		2	
		左游标	右游标	左游标	右游标
$K=\pm1$	θ_{+1}				
	θ_{-1}				
	$\theta_1=\frac{1}{2}\lvert\theta_{+1}-\theta_{-1}\rvert$				
	平均$\overline{\theta_1}$				
$K=\pm2$	θ_{+2}				
	θ_{-2}				
	$\theta_1=\frac{1}{2}\lvert\theta_{+2}-\theta_{-2}\rvert$				
	平均$\overline{\theta_2}$				

$(a+b)_1=\lambda/\sin\overline{\theta_1}=$

$(a+b)_2=2\lambda/\sin\overline{\theta_2}=$

平均：$\overline{(a+b)}=\frac{1}{2}[(a+b)_1+(a+b)_2]=$

单位长度光栅缝数$=\frac{1}{\overline{a+b}}=$　　　条/cm

【问题与讨论】

1. 如果望远镜中看到的叉丝像在叉丝的上面，而当平台转过 180°后看到的叉丝像在叉丝的下面，试问这时应该调节望远镜的倾斜度，还是应调节平台的倾斜度？反之，如果平台转过 180°后，看到的叉丝像仍然在叉丝上面，这时应调节望远镜，还是调节平台？

2. 利用小反射镜调节望远镜和载物台时，为什么反射镜的放置要选择 AC 的垂直平分线和平行于 AC 这两个位置？随便放行不行？为什么？

附录　读数装置

利用圆游标和刻度盘上刻度，可以读出平行射入望远镜的光线的角度。

1. 读出游标零点位置主刻度值。
2. 找出游标上与主刻度对齐的刻度。
3. 将游标值与主刻度值相加。

如图所示，其读数为 203°45′。

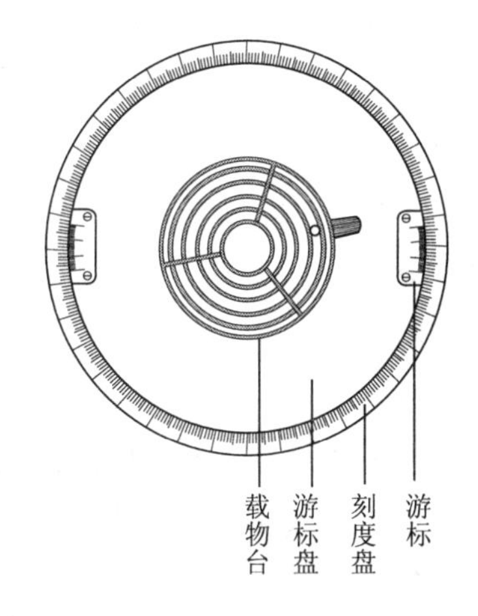

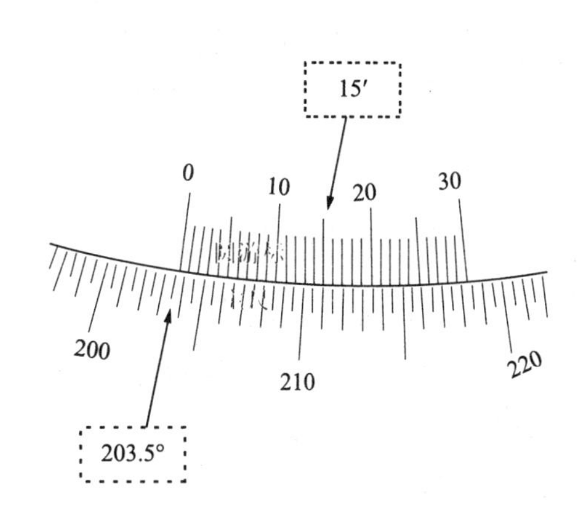

（陈秉岩　刘　平　陆雪平）

实验 7　单缝衍射实验

光的衍射现象是光的波动性的一种表现，研究光的衍射不仅有助于加强对光的波动性的理解，也有助于进一步学习近代光学实验技术，如光谱分析、晶体结构分析、全息照相、光学信息处理等。

本实验研究平行光通过单缝时所产生的衍射，这是研究衍射的基本实验。

【实验目的】

1. 观察单缝衍射的图像。
2. 测定单色光波的波长。

【实验原理】

光线绕过障碍物并在其后产生明暗条纹的现象叫做光的衍射，其中以入射光和衍射光都是平行光的衍射最为简单，称为夫琅和费衍射。其光路如图 1。

根据惠更斯原理，单缝上的每一点都可以看作一个新的振源，从这些振源发出次级子波，和入射光线成 φ 角的诸次级子波(衍射光)经过透镜将聚焦于 P 点。由于各衍射光线到达 P 点经过的光程不同，所以这些光线在该点有一定的位相差，从而产生亮条纹或暗条纹。从理论上可以得出 P 点出现亮条纹的条件是

$$a\sin\varphi=0 \text{ 或 } a\sin\varphi=\pm(2k+1)\frac{\lambda}{2} \tag{1}$$

在 P 点出现暗条纹的条件是：

$$a\sin\varphi=\pm k\lambda \tag{2}$$

式中 a 是单缝的宽度，φ 是衍射角，λ 是入射光波的波长，$k=1,2,3,\cdots$

从上两式可见，单色平行光投射到单缝上时，在正对单缝的地方(P_0 点)可以观察到干涉加强的条纹(满足于 $a\sin\varphi=0$ 的条件)，叫做中央亮条纹。在中央亮条纹的两侧，可以观察到若干明暗相间的条纹，它们分别满足于式(1)或式(2)中的 $k=1,2,3,\cdots$的条件。我们分别称之为第一极亮条纹、第一级暗条纹、第二级亮条纹、第二级暗条纹……，其中“±”号分别表示这些亮条纹或暗条纹在中央亮条纹的右侧和左侧。

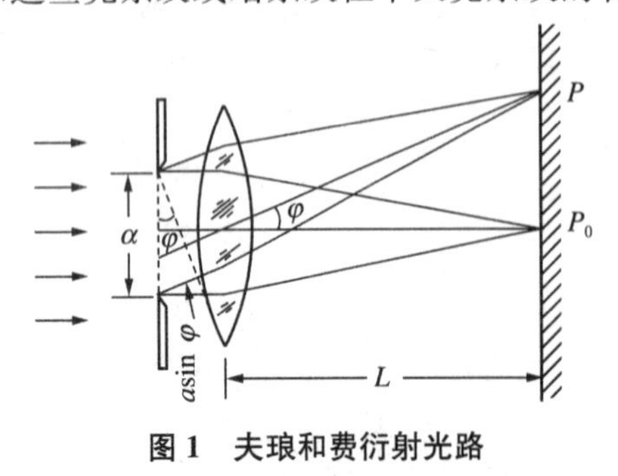

图 1　夫琅和费衍射光路

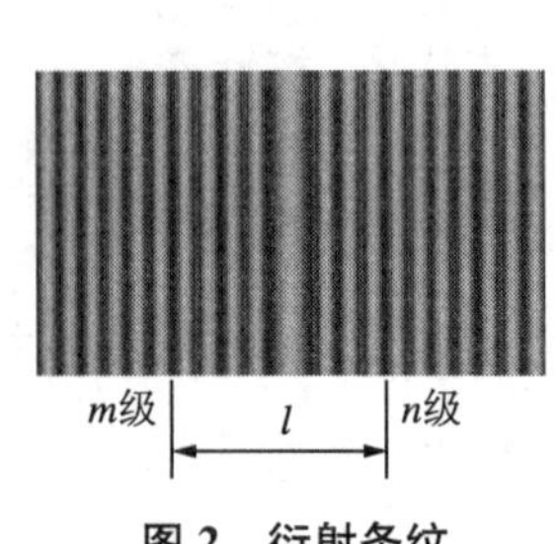

图 2　衍射条纹

从上面两式也可见，对给定波长 λ 的单色光来说，a 愈小，与各级条纹相对应的 φ 角就愈大，亦即衍射作用愈显著；反之，a 愈大，与各级条纹相对应的 φ 角将愈小，这些条纹都向中央亮条纹 P_0 靠近，逐渐分辨不清，衍射作用也就愈不显著。

在实验中通常采用暗条纹进行测量。因 φ 角很小，$\sin\varphi\approx\varphi$，根据式(2)，得

$$a\varphi=\pm k\lambda。\tag{3}$$

如果单缝竖放，并规定式中负值表示在中央亮条纹左边的条纹，正值表示在右边的条纹。那么，对于左边第 m 条暗条纹($k=m$)和右边第 n 条暗条纹($k=n$)，就有

$$a\varphi_m=-m\lambda$$

$$a\varphi_n=n\lambda$$

以两式相减得

$$a(\varphi_n-\varphi_m)=(n+m)\lambda$$

从图1可见

$$\varphi_n-\varphi_m=\frac{l}{L}$$

所以

$$\lambda=\frac{al}{(m+n)L}\tag{4}$$

实验时测定了单缝的宽度 a，并选择一定的暗条纹级数 m 和 n，测出 m 级和 n 级暗条纹之间的距离 l 以及透镜与光屏之间的距离 L 值后，即可计算出单色光的波长 λ。

【实验仪器】

单缝衍射仪一套，测距显微镜。

一、单缝衍射仪

单缝衍射仪在实验室中一般有两种类型。我们所用的是 WDY-1型，如图3所示。

单缝衍射仪包括单缝帽套、测微望远镜和单色光源三部分。单缝帽套套在测微望远镜的物镜前，望远镜安装在底座上。单色光源是钠光源，其波长为 5.89×10^{-5} cm，其灯罩是一个八面体柱，每面开有一条“I”字型狭缝，每一条狭缝即为一个光源，周围可以安排8组到16组单缝衍射仪同时进行实验。

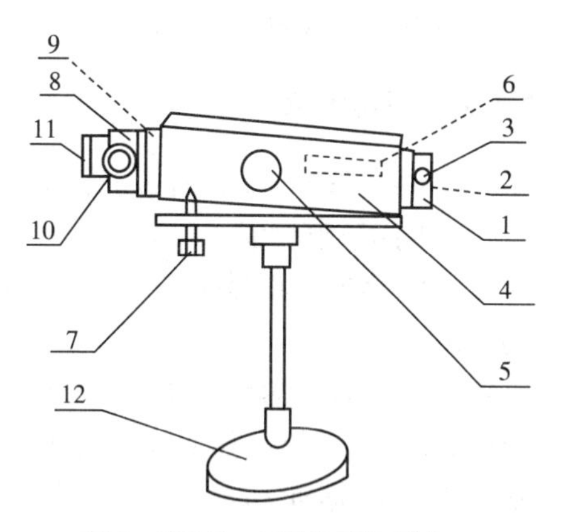

图3　WDY-1型单缝衍射仪

1. 单缝帽套　2. 帽套固定螺丝　3. 单缝缝宽调节手轮　4. 测微望远镜筒　5. 望远镜调焦手轮　6. L值读数窗口　7. 倾斜角微调螺丝　8. 测微目镜头　9. 测微目镜固定螺丝　10. 测微目镜读数鼓轮　11. 测微目镜调焦镜　12. 底座

单缝衍射仪的使用方法如下(以 WDY-1型为例)：

1. 单缝衍射仪放置在离光源约1.5 m到2 m处，这样光源可以看作平行光源，能满足夫琅和费衍射条件。

2. 把单缝衍射仪上的单缝帽套(1)取下，移动仪器底座，使测微望远镜对准光源狭缝，并能在测微望远镜中看到狭缝的像。调节望远镜的俯仰角调节螺丝(7)，使像落在测微望远镜的中间。再调节目镜(11)，使十

字叉丝清晰。然后调节望远镜调焦手轮(5)，使狭缝像清晰。从读数窗口(6)读出 L 值。

$$L=\text{望远镜物镜焦距 } f+\text{窗口读数值}+\text{修正值}=125+\text{窗口读数值}+3(\text{mm})$$

注：修正值 $=\frac{n-1}{n}X=2.5\ \text{mm}\approx 3\ \text{mm}$，式中 n 为望远镜的折射率，X 为物镜中心厚度。

3. 将单缝帽套(1)套在测微望远镜物镜上，使单缝成竖直状，旋紧帽套固定手轮(2)，调节单缝缝宽调节手轮(3)，使狭缝有适当的宽度(约为 0.6～1 mm).这时，在测微目镜中即能看到清晰的衍射图像。

二、测微目镜

测微目镜又称测微头，一般用作光学仪器的附件。靠近目镜焦平面安装带有框架且刻有十字准线的薄玻璃板，它与由读数鼓轮带动的丝杆通过弹簧(图中未画出)相接，当读数鼓轮顺时针旋转时，丝杆会推动刻有十字准线的薄玻璃板沿导轨垂直于光轴向左移动，同时将弹簧拉长。读数鼓轮逆时针旋转时，刻有十字准线的薄玻璃板在弹簧恢复力作用下向右移动。读数鼓轮每转动 1 圈，十字准线移动 1 mm，在测微目镜的主尺也恰好移动 1 mm。读数鼓轮上刻有 100 小格，所以每转过 1 小格，十字准线相应地移动 0.01 mm。测量时，旋动读数鼓轮将十字准线对准待测物体上某一标志(如长度的起始线、终止线等)时，该标志的位置读数应等于主尺上所指示的整数毫米值加上鼓轮上的小数位读数值。如图 4 读数为：4.076 mm。

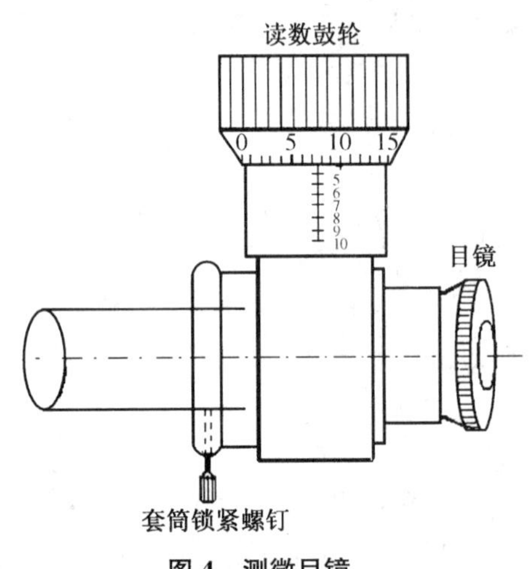

图 4　测微目镜

【实验内容与步骤】

1. 根据仪器介绍的使用方法调整好单缝衍射仪，在测微望远镜中能看到清晰狭缝像“I”，读出读数窗口值。

2. 将单缝帽套套在测微望远镜上，并固定好，调节单缝宽度，观察改变缝宽时衍射条纹的变化情况。

3. 选择合适的单缝宽度(约 0.6～1 mm)，用测微望远镜测出 m 级和 n 级暗条纹之间的距离 l_{mn}。为了使实验结果比较满意，可选择不同的 m 值和 n 值，反复进行测量。由于各人视力情况不同，m 和 n 最多读几条，可因人而异。

4. 轻轻取下帽套(注意切勿使缝宽 a 发生变化)用测微显微镜测出缝宽 a。

5. 根据公式(4)计算出波长 λ 。

【注意事项】

由于螺母套管和测微丝杆之间有间隙，因此在进行测量时，读数鼓轮只能向一个方向旋转，也就是测微望远镜只能向一个方向移动，否则将由于空转(即转动测微丝杆)而测微望远镜并不移动，产生很大测量误差。

【数据记录和处理】

表 1　　窗口读数=_______cm，L=_______mm

次数	1	2	3	4	5
$a_{左}$(cm)					
$a_{右}$(cm)					
$a=a_{右}-a_{左}$(cm)					
$\overline{a}$(cm)					

表 2　　（单位：mm）

mn 间距		1	2	3	4	5	$l_{mn}=l_m-l_n$ (cm)	$\lambda\times10^{-5}$ (cm)
l_{22}	l_2 左							
	l_2 右							
l_{44}	l_4 左							
	l_4 右							
l_{66}	l_6 左							
	l_6 右							

计算钠光波长的平均值及其与公认值(取 $\lambda=5.89\times10^{-5}$ cm)的相对误差。

【问题与讨论】

1. 使用单缝衍射仪时，如果测微目镜不插到底会影响哪个实验值的误差？将使实验的结果偏大还是偏小？为什么？

2. 用单缝衍射仪测量衍射条纹之间的距离 L 时，为什么目镜的读数鼓轮只能向一个方向移动？

3. 是否可用亮条纹代入公式(4)计算出波长？

（刘晓红　陈秉岩）

实验8 等厚干涉及其应用——牛顿环、劈尖

在对光的本性认识过程中，光的干涉现象为光的波动性提供了有力的实验证明。同时，光的等厚干涉在现代精密测量技术中，有很多重要的应用，一直是高精度光学表面加工中检验光洁度和平直度的主要手段，还可以精密测量薄膜的厚度和微小角度、测量曲面的曲率半径、研究零件的内应力分布、测量样品的膨胀系数等。

【实验目的】

1. 从实验中加深理解等厚干涉原理及定域干涉的概念。
2. 掌握读数显微镜的调整与使用。
3. 测量牛顿环装置中的平凸透镜的曲率半径和利用劈尖测量薄膜厚度。

【实验原理】

等厚干涉属于分振幅法产生的干涉现象，干涉条纹定域于薄膜表面。如图1，当波长为 λ 的单色光垂直入射到厚度为 e 的空气薄膜表面时，在薄膜上下两个表面反射的光线1和光线2的光程差为

$$\delta=2e+\frac{\lambda}{2} \tag{1}$$

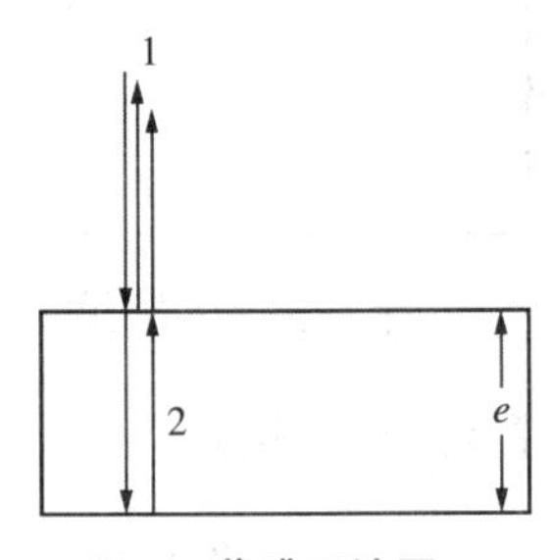

图1 薄膜干涉图

其中 $\frac{\lambda}{2}$ 是考虑到入射光在下表面反射有半波损失而在上表面反射没有半波损失。根据干涉条件：

$$\delta=2e+\frac{\lambda}{2}=\begin{cases}k\lambda & (k=1,2,3,\cdots\text{为明纹})\\(2k+1)\frac{\lambda}{2} & (k=0,1,3,\cdots\text{为暗纹})\end{cases} \tag{2}$$

由上式可知，光程差取决于产生反射光的薄膜的厚度，同一干涉条纹对应着相同的空气膜的厚度，故称为等厚干涉。

一、劈尖

如图2，用单色平行光垂直照射空气劈尖，单色光经劈尖上下两个表面反射后形成两束光，满足干涉条件。因为 θ 很小，由薄膜干涉公式得：

$$\delta=2e+\frac{\lambda}{2}=\begin{cases}k\lambda & (k=1,2,3,\cdots\text{为明纹})\\(2k+1)\frac{\lambda}{2} & (k=0,1,3,\cdots\text{为暗纹})\end{cases} \tag{3}$$

相邻暗纹劈尖空气厚度差为

$$\Delta e=e_{k+1}-e_e=\frac{\lambda}{2}$$

实验中由于劈尖两端被夹座掩盖(如图3)，无法数出 L 全长内的条纹数 n，所以可在 L

内测取某一段距离L'内的条纹数n'(例如,取$n'=10$),而$e'=n'\frac{\lambda}{2}$,则由式$e=\frac{L}{L'}e'$可计算出薄膜厚度e 。

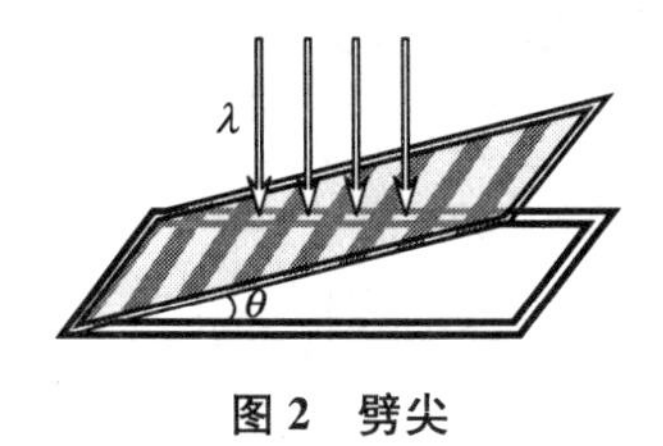

图2　劈尖

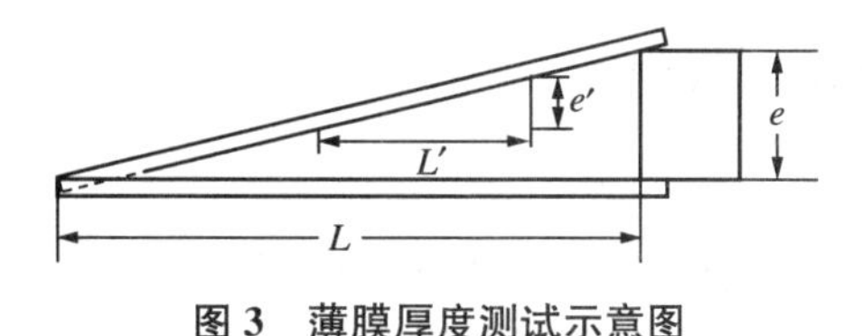

图3　薄膜厚度测试示意图

二、牛顿环

把一块曲率半径很大的平凸透镜的凸面放在一块平面玻璃板上,保持点接触,单色光垂直入射时将在空气层上下两表面产生干涉,形成明暗相间的光环,称为牛顿环,如图4所示。

由干涉光路图中的几何关系和明暗条纹满足的条件,可得到明暗条纹的半径公式为

明条纹：　$r_k^2=(2k-1)R\frac{\lambda}{2}$

暗条纹：　$r_k^2=kR\lambda$　　(5)

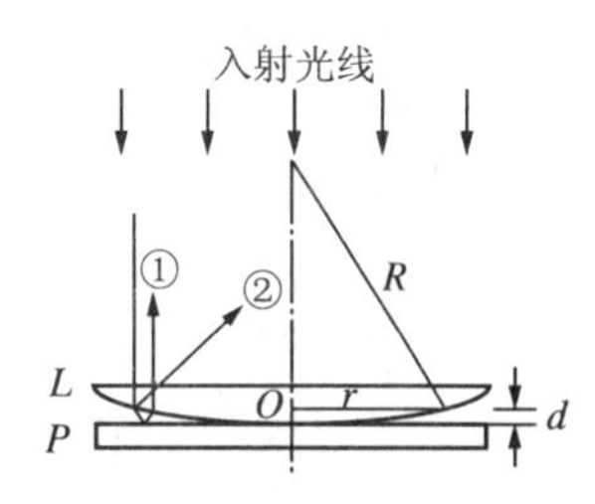

图4　牛顿环

可见,如果已知单色光波长λ,测出第K级暗环(或亮环)的半径r_k,就可算出透镜曲率半径R。

应用(5)式时由于干涉条纹的级数K难以确定,甚至有时接触处附着尘埃,会引起附加光程差使中心变为亮斑,造成测R或λ常常容易产生很大的误差,实际测量时采用下式来测量

$$R=\frac{D_m^2-D_n^2}{4(m-n)\lambda} \tag{6}$$

该方法把测量各个级次暗环半径变为测一定级差$(m-n)$下的干涉暗环直径平方差$(D_m^2-D_n^2)$,从而可有效避免测量误差。

【实验仪器】

读数显微镜,钠光灯,劈尖,牛顿环。

本实验中用到的主要装置读数显微镜如图5所示。下面简单介绍它的使用方法。

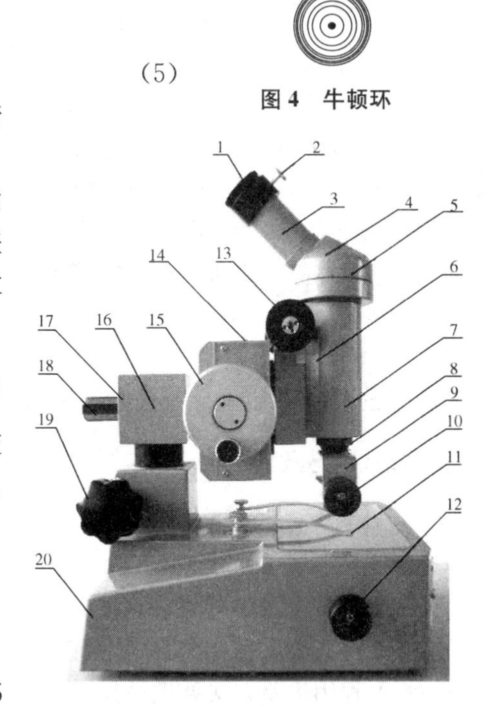

1. 目镜　2. 锁紧螺钉　3. 目镜镜筒　4. 棱镜室　5. 锁紧螺钉　6. 刻尺　7. 镜筒　8. 物镜组　9. 45°反射镜组　10. 反射镜旋轮　11. 压片　12. 反光镜旋轮　13. 调焦手轮　14. 标尺　15. 测微鼓轮　16. 锁紧手轮Ⅰ　17. 接头轴　18. 方轴　19. 锁紧手轮Ⅱ　20. 底座

图5　读数显微镜实物图

将被测件放在工作台面上,用压片固定。旋转棱镜室(4)至最舒适位置,用锁紧螺钉(5)止紧,调节目镜(1)进行视度调整,使分划板清晰,转动调焦手轮(13),直到从目镜中观察到被测件成像清晰为止,调整被测件,使其被测部分的横面和显微镜移

动方向平行。转动测微鼓轮(15),使十字分划板的纵丝对准被测件的起点,记下此值(在标尺上读取整数,在测微鼓轮上读取小数,此二数之和即是此点的读数)A,沿同方向转动测微鼓轮,使十字分划板的纵丝恰好停止于被测件的终点,记下此值 A',则所测长度通过计算可得 $L=A'-A$。为提高测量精度,可采用多次测量,取其平均值。

【实验内容与步骤】

1. 平凸透镜曲率半径 R 的测量

(1) 调整显微镜的十字叉丝与牛顿环中心大致重合。

(2) 转动测微鼓轮,使叉丝的交点移近某暗环,当竖直叉丝与条纹相切时(观察时要注意视差),从测微鼓轮及主尺上读下其位置 x。

(3) 测量各干涉环的直径。

2. 利用劈尖测量薄膜的厚度

(1) 置劈尖于载物台上,照明与具体调节同牛顿环操作一样。调整劈尖,使干涉条纹相互平行且与棱边平行。

(2) 要求测量多次,数据填入表格内。

【注意事项】

1. 禁止用手触摸光学器件表面(有灰尘用擦镜纸擦拭),测量时应防止被测物件滑动。

2. 测量显微镜的测微鼓轮在每一次测量过程中只能向一个方向旋转,中途不能反转。

3. 为防止损坏配件,调整显微镜物镜聚焦时,应保持镜筒远离待测物(即提升镜筒)。

4. 测量牛顿环条纹直径时,应使显微镜纵丝在圆环左(右)侧与条纹外侧相切,在右(左)侧应与条纹内侧相切,此时条纹直径等于左右两侧的切线距离;测量劈尖干涉条纹间距 l 时,纵丝每次应与明、暗条纹的交界线重合;测量劈尖长度 L 时,劈尖棱边和薄膜片处均以内侧位置为准。

5. 由于读数显微镜的量程较短(5 cm 左右),每次测量前均应将显微镜镜筒放置在主刻度尺的适当位置,以避免镜筒在未测量完成时已移到主刻度尺的顶端。

【数据记录与处理】

1. 计算平凸透镜的曲率半径

钠光波长 $\lambda=589.3\ \text{nm}$。

(1) 若条纹清晰可见范围较大,则每隔 15 级记录位置到表 1 中,取 $m-n=5$。

(2) 若条纹可见范围有限,则逐级记录 14 个条纹位置到表 2 中,取 $m-n=5$。

(3) 利用逐差方法处理数据,计算出平凸透镜的曲率半径并进行误差分析。

$$R=\frac{\overline{D_m^2-D_n^2}}{4(m-n)\lambda}=\underline{\qquad\qquad}$$

测微鼓轮的最小刻度为 0.01 mm 的读数显微镜的仪器误差限为 $\Delta_{\text{ins}}=\left(5+\frac{L}{15}\right)\mu\text{m}$,其中 L 为被测物长度,其单位为 mm。

将测量结果记录在表 1 中。

表 1

级数 m 暗环数 k	读　　数		D_m(mm)	级数 n
	左 方	右 方		
15				
14				
13				
12				
11				
10				
9				
8				
7				
6				
平均值 $\overline{D_m^2-D_n^2}$ (mm²)				

2. 计算薄膜的厚度

根据条纹的可见度，选择合适的条纹数，记录其位置，并将测量结果记录在表 2 中。〔劈尖全长 $L=45$ mm，$n'=5$(参考值)〕

表 2

条纹相对级数 n	条纹位置 L (mm)	$L'=\dfrac{L_{n+20}-L_n}{4}$
0		
5		
10		
15		
20		$\overline{L}'=$
25		
30		
35		

根据测量结果计算薄膜厚度 e 并进行误差分析。

$e=\dfrac{L}{L'}e'=$________。

【问题与讨论】

1. 计算 R 时，用 $d_{15}-d_{14}$，$d_{14}-d_{13}$，……组合行吗？如此组合对结果有何影响？用逐差法处理数据有何条件？有何优点？

2. 如果平面玻璃板上有微小的凸起，则凸起处空气厚度减小干涉发生畸变。此时牛顿环的局部将外凸还是内凹？为什么？

（陈秉岩）

实验 9 等倾干涉及其应用——迈克尔逊干涉仪的使用

迈克耳逊干涉仪是 1880 年美国物理学家迈克耳逊为研究“以太”漂移速度实验设计制造出来的。1887 年他和美国物理学家莫雷合作进一步用实验结果否定了“以太”的存在，动摇了 19 世纪占统治地位的以太假设，从而为爱因斯坦建立狭义相对论开辟了道路。此后迈克耳逊又用该仪器做了两个重要实验，首次系统地研究了光谱的精细结构，以及直接用光谱线的波长标定标准米尺，为近代物理和近代计量技术作出了重要的贡献。迈克耳逊干涉仪是许多近代干涉仪的原形，迈克耳逊由于发明了以他的名字命名的精密光学仪器和借助这些仪器所做的基本度量学上的研究等，于 1907 年获得诺贝尔物理学奖。

【实验目的】

1. 了解迈克尔逊干涉仪的结构，掌握其调节和使用方法。
2. 了解等倾干涉原理，观察等倾干涉形成条件及变化规律。
3. 掌握使用迈克尔逊干涉仪测量入射光波长的方法。

【实验原理】

一、等倾干涉

迈克耳逊干涉仪的光路如图 1 所示，从准单色光源 S 发出的光，被分光板 G_1 的半反射面 A 分成互相垂直的两束光〔光束(1)和光束(2)〕。这两束光分别由平面镜 M_1、M_2 反射再经由 A 形成互相平行的两束光，最后通过凸透镜 L 在其焦面上的点 P 叠加。G_2 是一块补偿板，其材料和厚度与 G_1 完全相同，且两者严格平行放置。只有放入补偿板后，当 M_1 与 M_2 严格对称于半反射面 A 放置时，光束(1)和(2)的光程才对任何波长彼此相等。设 M_2' 是 M_2 在半反射面 A 中的虚像，显然光线经 M_2 的反射到达点 P 的光程与它经虚反射面 M_2' 反射到达点 P 的光程严格相等，故在焦面上观察到的干涉条纹可看成是由 M_1 及 M_2' 之间的“空气层”两表面的反射光叠加所产生的。反射镜 M_2 是固定的。而 M_1 可在导轨上前后移动，这样可以改变光束(1)和(2)之间的光程差。

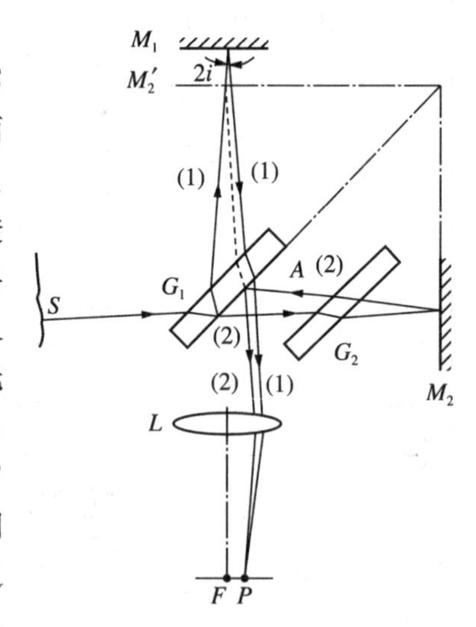

图 1 迈克耳逊干涉仪光路图

二、等倾干涉条纹

如图 2 所示，当 M_1 和 M_2' 互相平行，光源为扩展光源，由 M_1 和 M_2' 反射出的光束光程差为：$\Delta = AC + CB - AD = 2d\cos i$。

当 d 为常数时，光程差 Δ 仅由入射角 i 决定。相同入射角的入射光具有相同的光程差。

因此等倾干涉条纹是同心圆条纹。

当入射角 $i=0$ 时，动镜 M_1 移动的距离 Δd 和干涉条纹移动的数目 Δk 间满足：

$$2\Delta d=\lambda\cdot\Delta k \tag{1}$$

即每当动镜移动 $\lambda/2$ 距离时将涨出（或缩进）一个条纹。实验中根据动镜 M_1 移动的距离 Δd，并数出相应的级数变化量 Δk，从而由(1)式求出光源波长 $\lambda=2\Delta d/\Delta k$。

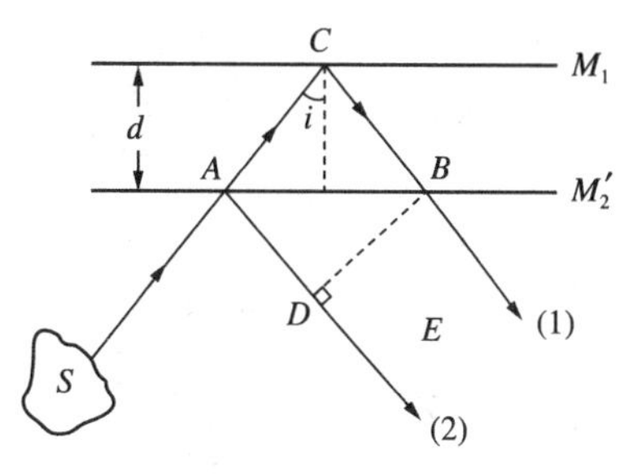

图2　等倾干涉条纹形成原理

三、光谱双线的波长差

若 M_1 与 M'_2 互相平行，用扩展光源照射时则得到明暗相间的同心圆形干涉条纹。如果光源是严格单色的，则移动 M_1 时，虽然视场中心条纹不断涌出或陷入，但条纹的视见度不变，条纹的视见度 V 是指条纹的清晰程度，通常定义为：

$$V=\frac{I_{max}-I_{min}}{I_{max}+I_{min}} \tag{2}$$

式中 I_{max} 和 I_{min} 分别为区域内亮条纹的光强和暗条纹的光强。如果此时照射干涉仪的是扩展光源，其光谱是由两个波长靠得很近的光谱双线 λ_1 和 λ_2 组成，它们的光强相近（如钠光源）。则当光波(1)和光波(2)的光程差恰为 λ_1 的整数倍，同时又为 λ_2 半整数倍，即：

$$\Delta L=k_1\lambda_1=(k_2+1/2)\lambda_2$$

此时 λ_1 光波生成亮环的地方，恰好是 λ_2 光波生成暗环的地方，总强度是这两套条纹的非相干叠加，根据视见度定义，在这些地方条纹的视见度为零。从某一视见度为零到相邻的下一次视见度为零，一个波长的亮条纹和另一波长的暗条纹恰好颠倒。即如果第一次视见度为零时，λ_1 为亮条纹，那么第二次它即为暗条纹，也就是光程差的变化 ΔL 对 λ_1 是半个波长的奇数倍，同时对 λ_2 也是半个波长的奇数倍，又因这两个奇数是相邻的，故得：

$$\Delta L=k\frac{\lambda_1}{2}=(k+2)\frac{\lambda_2}{2}$$

式中 k 为奇数，由此得：$\dfrac{\lambda_1-\lambda_2}{\lambda_2}=\dfrac{2}{k}=\dfrac{\lambda_1}{\Delta L}$，于是

$$\Delta\lambda=\lambda_1-\lambda_2=\frac{\lambda_1\lambda_2}{\Delta L}\approx\frac{\overline{\lambda^2}}{\Delta L}$$

在相继两次视见度为零时，动镜 M_1 移动 Δd，则由此而引起的光程差变化 ΔL 应等于 $2\Delta d$，所以有：

$$\Delta\lambda=\frac{\overline{\lambda^2}}{2\cdot\Delta d} \tag{3}$$

连续移动 M_1 镜可使条纹的可见度随光程差作周期性变化，出现了光拍的现象，只要知道两波长的平均值 λ 和相继两次视见度为零时 M_1 镜移动的距离 Δd，便可求出光源的双线波长差 $\Delta\lambda$。根据这一原理，可以用实验测量钠光源双线的波长差。

【实验仪器】

型迈克尔逊干涉仪（WSM－100），HND－7 型多光束光纤激光器。其中，迈克尔逊干涉仪（WSM－100）的结构和配件说明如图 3 所示。

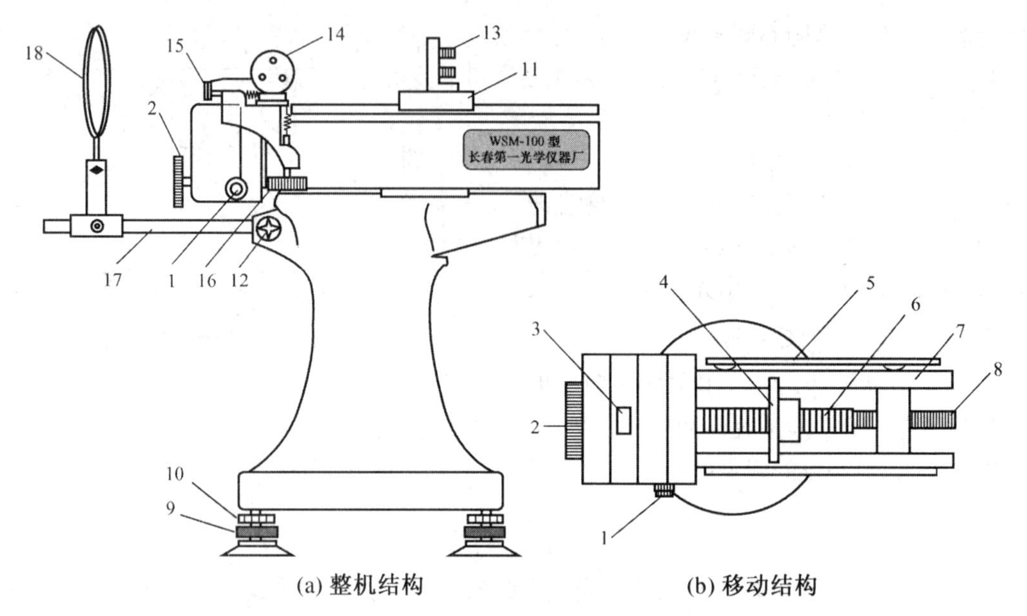

(a) 整机结构　　(b) 移动结构

1. 微调手轮　2. 粗调手轮　3. 读数窗口　4. 可调螺母　5. 毫米刻度尺　6. 精密丝杆　7. 导轨(滑槽)　8. 螺钉　9. 调平螺丝　10. 锁紧圈　11. 移动镜底座　12. 紧固螺丝　13. 滚花螺丝　14. 全反镜　15. 水平微调螺丝　16. 垂直微调螺丝　17. 观察屏固定杆　18. 观察屏

图 3　迈克尔逊干涉仪(WSM－100)结构和配件

【实验内容与步骤】

一、测量并计算钠光波长

在钠灯前放一块毛玻璃，用这样的面光源照射迈克耳逊干涉仪能观察定域干涉条纹。在 G_1 前放一大头针，并使 M_1 与 M'_2 间的距离大致等于零(即 M_1、M_2 臂长相等)。眼睛直接通过半反射面向 M_1 观察。调节 M_1，M_2 背后的螺丝(注意轻微的调节)使大头针的两个较亮的像上下左右重合(表示 M_1 与 M'_2 基本平行)，这样就可看到极细密、较模糊的干涉条纹(好像指纹)。再轻轻微调 M_2 镜下方的两个互相垂直的微调螺丝可使 M'_2 与 M_1 严格平行，便能出现同心干涉圆环，再徐徐移动 M_1 镜，可以用视差法来判断大头针的两个像前后是否重合，则判断光线(1)和(2)的光程是否相等，光线(1)和(2)的光程相等时条纹的视见度最大。移动 M_1 改变 d 值，数出从中心冒出(或缩进)的环数 N，记下 d 的初值和终值，其差值即 Δd，根据公式(1)便可求出波长 λ.

二、测量并计算钠双线波长差

同心圆形干涉条纹调好后，缓慢移动 M_1 镜，使条纹的视见度最小，记下 M_1 的位置 d_i。再沿原来方向移动 M_1 镜，直至视见度又最小，再记下 M_1 的位置 d_{i+1}，可得 $\Delta d=|d_{i+1}-d_i|$。按上述步骤沿原来方向重复五次，求 Δd 的平均值，利用(3)式计算钠双线的波长差。

【注意事项】

1. 本实验仪器精密、贵重，严禁用手直接触摸包括反射镜、分光镜、补偿板及其他任何光学表面；严禁用擦镜布、棉花去擦光学表面；禁止直接对着仪器说话、咳嗽等。

2. 调节反射镜后面的三个螺丝时，注意轻调慢拧，不要调得过松或过紧。

3. 转盘的转动要缓慢，为防止出现螺距差，测量时必须沿同一方向旋转转盘，不得中途反转，同时注意粗细调换档需同方向转动。

【数据记录与处理】

1. 钠光波长测量与计算

实验中要求从中心冒出(或缩进)的总环数 N 取为 400，环数每变化 50 级记录下 M_1 镜所在的位置 d_i 值。

测量次数 i	条纹相对级数 k	M_1 读数 d_i(mm)	$\Delta d=\|d_{i+5}-d_i\|$(mm)	平均波长 $\bar{\lambda}=\frac{2\overline{\Delta d}}{\Delta k}$(nm)
1	第 0 级			
2	第 50 级			
3	第 100 级			
4	第 150 级			
5	第 200 级			
6	第 250 级		$\overline{\Delta d}=$	
7	第 300 级			
8	第 350 级		$\Delta k=$	
9	第 400 级			

将计算结果与钠光理论波长 $\lambda=589.3$ nm 比较，分析误差。

2. 钠光波长差的测量与计算

测量次数 i	M_1 位置 d_i(mm)	$\Delta d=\|d_{i+3}-d_i\|$(mm)	波长差 $\Delta\lambda$(nm)
1			$\Delta\lambda=\frac{\overline{\lambda^2}}{2\cdot\left(\frac{\overline{\Delta d}}{3}\right)}$
2			$=$
3			
4			
5		$\overline{\Delta d}=$	
6			

将计算结果与钠光理论波长差($\Delta\lambda=0.6$ nm)比较，分析误差。

【问题与讨论】

1. 调节迈克尔逊干涉仪时看到的亮点为什么是两排而不是两个？两排亮点是怎样形成的？

2. 迈克尔逊干涉仪中，补偿板 G_2 和分光板 G_1 的作用分别是什么？

（陈秉岩　陆雪平）

第3章　学科综合实验

实验10　电信号发生与采集

信号是反映消息的物理量，例如自然界的压力、温度、声音等。信息需要借助某些物理量（如声、光、电）的变化来表示和传递，例如广播和电视利用电磁波来传送声音和图像。

电信号是指随时间变化的电压或电流，可将它表示为电压或电流幅度随时间变化的函数（包括线性和非线性函数）。由于电信号容易传送和控制，并且几乎所有非电物理量均可通过特定的传感器转换成电信号（详见本书附录1），为此电信号已经成为应用最广的信号。电信号的形式多样，根据信号的随机性可以分为确定信号和随机信号；根据信号的周期性可分为周期信号和非周期信号；根据信号随时间的连续性可分为连续信号和离散信号；在电子线路中分为模拟信号和数字信号。

电信号发生和采集，是电信号的应用过程中的两个关键技术，在所有电学量的表达和传递过程中都需要涉及。电信号发生，指一切能产生随时间变化的电压或电流的方法和技术；电信号采集，指一切能获取随时间变化的电压和电流幅度变化量的方法和技术。

【实验目的】

1. 了解信号发生的模拟和直接数字合成技术。
2. 了解示波器的模拟和数字技术原理和特点。
3. 掌握信号发生器和数字示波器的使用方法。
4. 理解和观测振动正交的简谐振动合成曲线。

【实验原理】

一、电信号发生技术

电学信号发生技术，指能产生符合科研、教学和工业生产等应用的电压或电流信号的技术，这些信号主要包括：正弦波、矩形波（含方波）、脉冲波、三角波、锯齿波、随机信号等，这些信号的幅度通常可以表达为随时间变化的函数波形。信号发生器，是产生电压或电流幅度随时间变化的电学设备，又称为“信号源”、“函数发生器”或“振荡器”等。

按照电学信号生成的基本工作原理，信号源要包括模拟信号发生器（analog signal generator：ASG）和直接数字合成器（direct digital synthesizer：DDS）技术。模拟信号源通常采用 *RC* 和 *LC* 等振荡电路产生所需要的信号，其优点是：电路结构简单、技术简单、成本低；其缺点是：信号类型少、调节麻烦、稳定性低和精度低（一般为2%～5%）。目前，模拟信号源由于缺点显著，已经趋于淘汰；DDS信号源从相位概念出发，直接将一个(或多个)基准频率合成另一个(或多个)符合要求的电学信号。与模拟信号发生技术相比，DDS技术具有极高的频率分辨率、极快的变频速率、可快速连续改变相位、相位噪声低、易于功能扩展和全数字化调制等优点，满足了现代电子系统的许多要求，因此得到了迅速的发展。DDS技术简要介绍如下：

DDS是一种用于从单个固定频率参考时钟创建任意波形的频率合成器[1]。DDS的应用主要包括：信号产生、通信系统的本地振荡器、函数发生器、混频器、调制器、声音合成器以及作为数字锁相环的一部分。基本的DDS由参考振荡器(reference oscillator：RO)、频率控制寄存器(frequency control register：FCR)、数控振荡器(numerically controlled oscillator：NCO)、数模转换器(digital-to-analog converter：DAC)、低通滤波器(low pass filter：LPF)组成，如图1所示。其中，RO通常是一个晶体或表面声波振荡器，为整个系统提供稳定的工作时钟并且决定了DDS的频率精度；NCO包括相位累加器(phase accumulator：PA)和相位幅度转换器(phase-to-amplitude converter：PAC)[2~3]，在NCO的输出端产生一个随时间变化离散的预期波形(如正弦波)的数字M，其周期由FCR中的数字N控制；DAC的作用是将NCO送来的波形数字M转换为模拟波形输出。LPF的作用是滤除DAC输出端模拟信号中含有的高频谐波分量，并在模拟信号输出干净的信号波形。

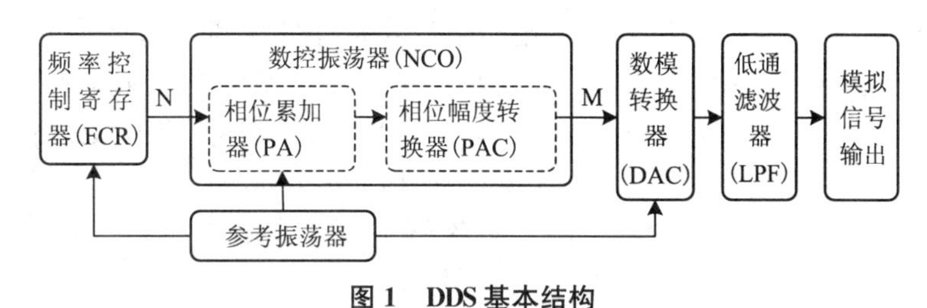

图1　DDS基本结构

DDS相对于模拟信号源具有许多优点：频率灵活性更高，相位和频率输出精准可调，多种波形和任意编程设定；其缺点是输出信号含有一定的高阶噪声，主要来自NCO中的截断效应和DAC频率偏移变换的本地噪声。

二、电信号采集技术

电学信号采集技术，是对待测的电压或电流信号进行捕获、存储和显示的技术。通常情况下，电学信号的幅度是随时间变化的函数，测试仪器设备的信号幅度分辨率和响应时间是很重要的技术指标。对于随时间缓慢变化的电压/电流信号，可以使用电压/电流表进行测试；对于随时间快速变化的电学信号，通常采用示波器或者频谱分析仪进行测试。

示波器是一种用于测试电压动态过程的电子测量仪器，配上适当的传感器(详见本书附录1)后能测量和显示几乎所有物理量及其动态过程。较高级的示波器，已经具备信号频谱分析功能。根据工作原理，常见的示波器可分为：模拟实时(analog real time：ART)示波器、数字存储示波器(digital storage oscilloscope：DSO)、数字荧光示波器(digital phosphor oscilloscope：DPO)、数字采样示波器(digital sampling oscilloscopes)、混合域示波器(mixed domain oscilloscope：MDO)和混合信号示波器(mixed signal oscilloscope：MSO)[4~5]。图2是ART、DSO和DPO三种技术的原理对比，相应技术简述如下：

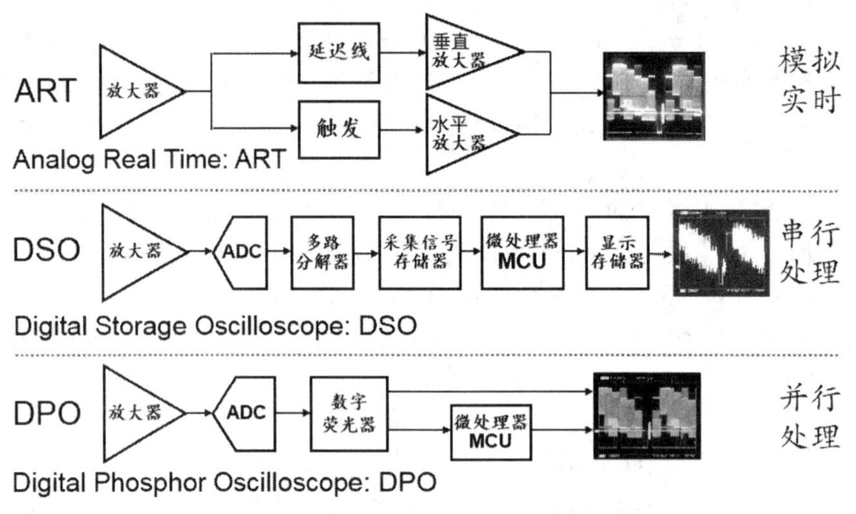

图 2　三种示波器技术的原理对比

1. 模拟实时(ART)示波器技术

ART 示波器又称为"阴极射线示波器(cathode-ray oscilloscope: CRO)",以阴极射线管(cathode ray tube: CRT)为核心,将被测电压信号放大后作为 CRT 电子束的垂直偏转控制量,并使用同步触发信号控制 CRT 电子束在水平方向扫描,最终在荧光屏上产生动态图像。1879 年,克鲁克斯(Sir William Crookes, 1832～1919, 物理学家、化学家)研制成功 CRT。1897 年,卡尔·费迪南德布劳恩(Karl Ferdinand Braun,1850～1918,德国物理学家,1909 年诺贝尔物理学奖获得者,阴极射线管的发明者)改进了克鲁克斯的 CRT,通过控制电子束电流实现亮度的可控,制成了实用的 CRT(如示波管、电视显像管等)。1931 年,第一台电子管模拟示波器问世,随着集成电路、超小元件、新器件和新型示波管的出现,现代示波器的性能和结构已有显著的改进。

为了能够在屏幕上实时获得稳定的波形,ART 示波器需要强制触发扫描信号的周期 T_t(或频率 f_t)与被测信号的周期 T_m(或频率 f_m)满足如下的公式:

$$T_m = \frac{T_t}{n} \text{ 或者 } f_m = nf_t, n = 1, 2, 3, \cdots \tag{1}$$

在公式(1)中,触发信号 f_t 可以从示波器外部加入,也可以由示波器内部的信号源产生。为了获得 f_m 与 f_t 的比值 n 刚好为整数,通常被测信号 f_m 分频后获得触发信号 f_t($f_t = f_m/n$)。

可以实时显示被测信号的变化过程,是 ART 示波器的最大优势。虽然极少数模拟示波器采用激励电路存储和擦除 CRT 屏幕上的迹线,实现了跟踪存储额外功能,允许信号在几分之一秒内衰减的迹线图案保留在 CTR 屏幕上几分钟或更长时间[5]。但是,常规的模拟示波器均不具备信号存储和重现功能,在需要对被测信号进行数据存储和二次处理的应用场合受到极大限制,已经很难满足当代的科研和生产测试需求。

2. 数字存储示波器(DSO)技术

DSO 是一种以数字编码的方式存储和分析待测模拟信号的示波器。DSO 技术于 1970 年初研制成功,由于其具有波形触发、存储、显示、测量、数据分析处理等独特优点,因此它已经成为世界上目前最常见、最实用的示波器类型[6]。

它由具有高速数据处理能力的模数转换器(analog-to-digital converter：ADC)、多路分解器、采集信号存储器、微控制单元(microcontroller unit：MCU)、显示存储器和显示器等单元构成。输入的模拟信号通过 ADC 采样,并在每个采样时间点将输入的电压信号幅度转换成数字记录。采样频率与被测信号频率应满足奈奎斯特定律(Nyquist's law)①;最后再将这些数值转换成模拟信号在 CRT 或液晶显示器(liquid crystal display：LCD)上显示,或者在图表记录器、绘图仪或网络接口(如 USB 接口)上输出。

通常情况下,DSO 的测试结果采用串行方式输出数据。这种数据传输方式虽然节省了硬件接口资源,但是降低了数据传输速率。因此,很难重现被测信号随时间的快速变化过程,这是 DSO 与 ATR 相比的不足之处。

3. 数字荧光示波器(DPO)技术

DPO 是一种通用形式的数字示波器,采用并行处理架构显示信号,使其能够在使用标准 DSO 无法再现信号随时间快速变化过程的情况下采集和显示信号。DPO 与 DSO 的数据捕获技术相同,其本质技术区别在于显示技术(DPO 采用并行处理架构和荧光屏显示结果,DSO 采用串行架构和液晶显示结果。当 DPO 的采样率足够高时,可以获得近似 ART 技术的显示效果[7]。图 3 所示为 DSO 和 DPO 的显示效果对比,在现实信号的细节和动态变化过程显示方面,DPO 的显示效果比 DSO 更佳一些。

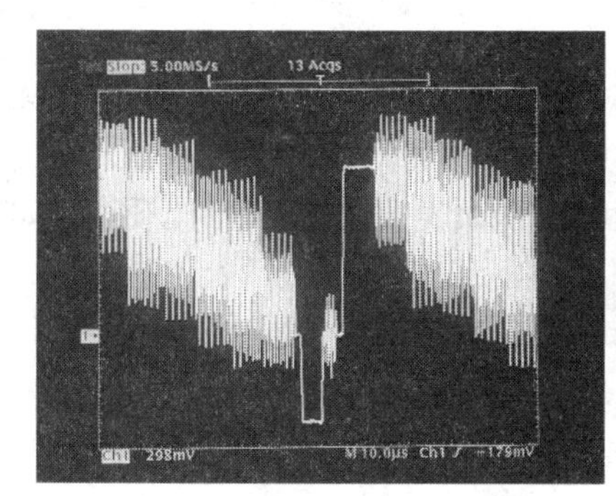

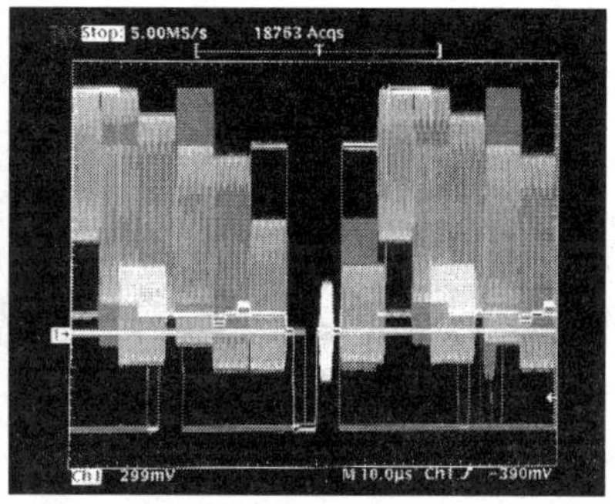

图 3　相同视频信号的 DSO 和 DPO 显示效果

(a) 典型的 DSO 不能显示细节和动态变化;(b) DPO 能实时显示所有复杂信号的细节

世界上知名的数字示波器主要生产厂商有:泰克(Tektronix)、是德(Keysight,原 Agilent)、力科(Lecroy)、横河(Yokogawa)、固纬(GW Instek)、罗德施瓦茨(Rhodes & Schwartz)、普源(RIGOL)等,不同厂商的数字存储示波器技术指标和成本差别很大。例如,泰克示波器的优势为信号捕获,安捷伦示波器的优势为信号显示。

总体上,在同等功能和参数条件下,泰克示波器的综合性价比最高。这源于泰克公司针对信号采集开发了专用集成电路(application specific integrated circuit：ASIC)技术,其性能远超过其他厂商采用现场可编程门阵列(field-programmable gate array：FPGA)采集信号

① 哈利·奈奎斯特(Harry Nyquist,1889～1976),美国物理学家,为近代信息理论做出了突出贡献。他总结的奈奎斯特采样定律是信息论、特别是通讯与信号处理学科的重要结论。奈奎斯特定律(Nyquist's law),在模拟/数字信号转换过程中,当采样频率 $f_{s.max}$ 大于等于被采样信号最高频率 f_{max} 两倍时($f_{s.max} \geq 2f_{s.max}$),采样后的数字信号完整地保留了原始信号信息,实际应用中通常取采样频率为信号最高频率的 5～10 倍。

的技术。例如，对小于 33ns 的动态偶发信号，ASIC 可轻松捕捉，但 FPGA 则难于捕获。

【实验仪器】

数字示波器（Tektronix，TBS1102B－EDU）、双通道 DDS 信号发生器（Tektronix，AFG1022）、BNC（Bayonet Neill － Concelman）接口电缆。

一、数字示波器 TBS1102B－EDU

TBS1102B－EDU 数字示波器，是泰克公司面向高等教育推出的一款教学科研两用设备。其操作界面如图 4 所示，主要功能和技术指标如下：

1. 双通道带宽 100 MHz，7 英寸 WVGATFT 彩色显示 800 * 480。

2. 所有通道 2 GS/s 采样率，在改变水平设置或同时使用两条通道时，采样性能不变，可在所有通道上获实时采样率，并且支持最低 10 倍过采样率，可捕获动态小于 33 ns 的偶发毛刺信号。

3. 每通道 2.5 K 记录长度，输入灵敏度范围 2 mV/div～5 V/div，最大输入电压 300 VRMS。

4. 时基范围：2.5 ns/div～50 s/div，时基精度 50 ppm。

5. 双窗口 FFT，同时监测时域和频域（频率范围：DC－1 GHz）。

6. 具有双通道频率计数器，独立控制每个计数器的触发电平，为同时监测两个不同的信号频率提供保证。

7. 显示系统采用 Sin(x)/x；波形类型：点、矢量；余辉：关闭、1 秒、2 秒、5 秒、无限；格式：YT 和 XY。

8. 具有 34 种自动测量功能（周期、频率、正宽度、负宽度、上升时间、下降时间、最大值、最小值、峰峰值、中间值、RMS、周期 RMS、光标 RMS、相位、正脉冲数、负脉冲数、上升沿数、下降沿数、正占空比、负占空比、幅度、周期中间值、光标中间值、突发宽度、正过冲、负过冲、面积、周期面积、高、低、延迟 RR/RF/FR/FF）以及缩放功能。

9. 高级触发，包括脉冲和行选视频触发；具有设备互联 USB 接口，前面板上 USB 主控端口支持 U 盘，仪器背面 USB 端口支持连接 PC 及所有兼容 PictBridge 的打印机。

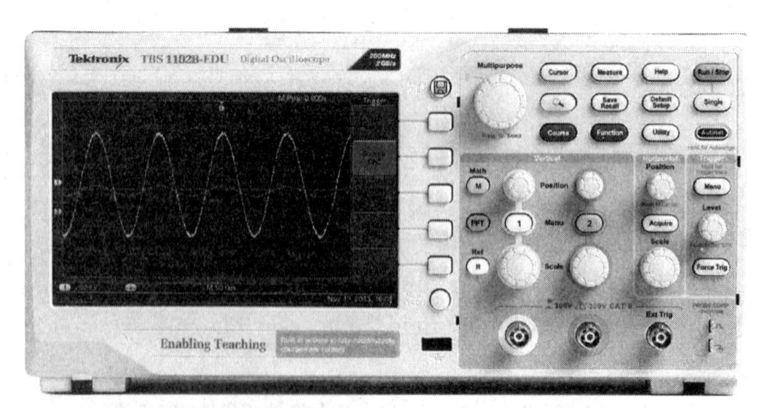

图 4　数字示波器 TBS1102B－EDU 操作界面

二、双通道 DDS 信号源 AFG1022

AFG1102 双通道 DDS 信号源，是泰克公司面向高等教育推出的一款教学科研两用设备。其操作界面如图5所示，主要功能和技术指标如下：

1. 正弦波 1 μHz 至 25 MHz，方波 1 μHz 至 12.5 MHz，脉冲波 1 mHz 至 12.5 MHz，脉宽 40.00 ns～999.000 s。

2. 两通道各种波形可独立调整相位、幅度和频率，相位调整步进 1 mV/1°弧度。

3. 波形输出幅度垂直分辨率 14 bit，采样率 125 MS/s。

4. 时钟稳定度 1 ppm，存储深度 8 K，屏幕同时显示参数设置和波形。

5. 具有设备互联 USB 接口功能，可通过 USB 接口与 PC 级和其他设备互联。

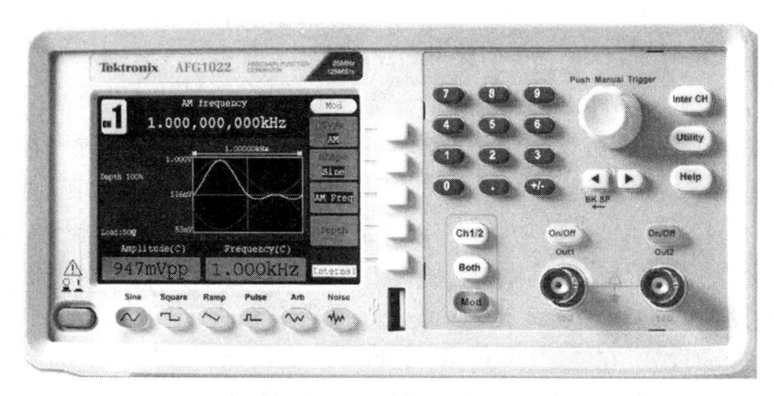

图5　直接数字合成信号源 AFG1022 操作界面

三、仪器设备的连接

使用两根 BNC 电缆将 AFG1102 双通道 DDS 信号源的信号输出通道 1(Out 1)和通道 2(Out 2)分别与 TBS1102B－EDU 数字示波器的信号输入通道 1(CH1)和通道(CH2)连接。

【注意事项】

1. 为了让初学者掌握数字示波器的使用，本实验不推荐使用 TBS1102B－EDU 的“Autoset”功能。

2. 为了获得准确的测量值，需要根据被测信号合理设置 TBS1102B－EDU 的通道 CH1 和 CH2 的耦合方式(AC/DC/AC＋DC)、垂直放大倍数“Vertical-Scale”以及水平放大倍数“Horizontal-Scale”，使得信号在屏幕上呈现合适的范围，以获得足够的采样率(通常情况下，被测信号数值占到测试设备满量程的 75%时，可获得最佳测试效果)。

3. 为了在数字示波器上获得稳定的波形，需要耐心设置“触发(Trigger)”参数，选择合适的触发源(通过 Trigger→Menu，选择触发源)和触发电平(Level)。

4. 连接信号源与示波器的 BNC 电缆无衰减，需将示波器通道 CH1 和 CH2 的衰减设置为“1×”。

【实验内容和步骤】

一、测试信号波形参数

1. 仪器功能和参数设置

(1) 信号发生器(Tektronix, AFG1022)的设置

① 波形设置:在屏幕下方选择需要输出的正弦波、方波、三角波等所需要的波形;

② 频率/幅度设置:按“Ch1/2”或“Both”键,选中对应通道(有边框的通道代表选中),通过屏幕右侧的按键选择需要调整的波形频率/幅度,通过“BKSP”面板旁的左右按键“⬅➡”选择要调整的信号频率/幅度位,旋转“Push for Manual Trigger”旋钮设置为想要的数值;

③ 模式选择:按“Mod”按钮进入模式设置→选择“连续波输出”;

④ 波形输出:按压 CH1 通道上方的“On/Off”按键,灯点亮表示通道输出正常。

(2) 数字示波器(TBS1102B-EDU)的设置

示波器开机后,通常为默认为“YT”模式,并且 CH1 和 CH2 通道均开通。也可以通过面板上的“Default Setup”按键,使示波器进入到默认工作状态。然而,实际使用中需要根据实际测试信号实时改变示波器的功能和参数才能获得理想的结果,这些设置主要包括:

① 模式设置:按压示波器控制面板上的“功能(Utility)”按键→显示(Display)→屏幕上显示“格式”→转动“Multipurpose”旋钮并按压其顶端→确认“XY”模式;

② 同步触发源设置:在触发(Trigger)区域,按压“Menu”按键→信源“Source”→使用“Multipurpose”旋钮选择并确认为“CH1 或 CH2”,此时触发源为 CH1 通道或者 CH2 通道;

③ 触发电平设置:通过旋转“Level”旋钮获得合适的触发电平,直到屏幕上呈现稳定的波形;

④ 垂直范围调整:在垂直(Vertical)面板区域,调整两个信号通道上方的“范围(Scale)”旋钮,使得信号波形的幅度在垂直方向占 4～6 格;

⑤ 水平范围调整:在水平(Horizontal)面板区域,调整“范围(Scale)”旋钮,使得信号波形的一个周期在水平方向占 2～6 格;

⑥ 波形位置调整:在垂直(Vertical)面板区域分别调节两个通道对应的“位置(Position)”旋钮,在水平(Horizontal)面板区域调节“位置(Position)”旋钮,使得信号波形在屏幕上处于适当的位置;

⑦ 通道衰减设置:按压“CH1 Menu”或“CH2 Menu”键→屏幕右侧出现“衰减”对话框→按压旁边的按键选择“1×”。

2. 波形参数观测与记录

将待测信号从示波器的通道送入,按照上述“1.1 仪器功能和参数设置”内容调整信号源和示波器,直到示波器屏幕上出现稳定的波形。此时,被测信号的参数计算如下:

$$\text{周期}:T=L\times M(\text{s});\text{频率}:f=1/T(\text{Hz});\text{幅度}:V_{pp}=P\times V(\text{V}) \tag{2}$$

公式(2)中的 L 为信号一个周期的波形在示波器屏幕上所占的格子数(需估读);M 为水平(时间)扫描范围对应的数据(在示波器屏幕下方,例如 M=5 μs 代表水平方/时间参数为 5.0 μs/格,也即示波器当前的触发信号周期为 5.0 μs);P 为波形在垂直方向所占格数(需估读),V 为垂直方向的电压放大倍数(示波器屏幕左下方 CH1 或 CH2 右侧的数据,例如

CH1 500.0 mV 和 CH2 10.0 V，代表当前通道 CH1 和 CH2 的垂直放大倍数分别为 500.0 mV/格和 10.0 V/格）。

在信号源上设置不同的信号（正弦波、方波、三角波、脉冲波等）和波形参数，通过示波器观察相应的波形参数，将结果记录到表 1 中并处理。

表 1　波形参数测试记录及处理

实验波形	DDS 信号源			数字示波器							
	通道	信号频率(Hz)	信号幅度(V)	波形记录	通道	水平格 L(格)	垂直格 P(格)	水平放大 M(s)	垂直放大 V(V)	频率 $f=1/(L\times M)$	幅度 $V_{pp}=P\times V$
正弦											
三角											
矩形											

二、李萨茹图形及运用

1. 仪器功能和参数设置

(1) 数字示波器的设置

数字示波器(TBS1102B－EDU)设置为“XY”模式的主要步骤如下：

① 模式设置：按压“功能(Utility)”按键→显示(Display)→屏幕上显示“格式”→使用“Multipurpose”旋钮选择并确认为“XY”模式，此时屏幕上出现李萨茹图形；

② 垂直范围调整：在垂直(Vertical)面板区域，调整两个信号通道上方的“范围(Scale)”旋钮，使得信号波形的幅度在垂直方向占 4～6 格；

③ 水平范围调整：在水平(Horizontal)面板区域，调整“范围(Scale)”旋钮，使得信号波形的一个周期在水平方向占 2～6 格；

④ 波形位置调整：在面板的垂直(Vertical)区域分别调节两个通道对应的“位置(Position)”旋钮，在水平(Horizontal)区域调节“位置(Position)”旋钮，使信号波形在屏幕上处于适当的位置。

⑤ 余辉设置：按压“功能(Utility)”按键→显示(Display)→屏幕显示“余辉”→选择“1 秒或 2 秒”。

(2) 信号发生器的设置

信号发生器(Tektronix，AFG1022)的输出波形参数设置主要包括：

① 波形设置：在屏幕下方选择正弦波输出；

② 模式选择：按“Mod”按键进入模式设置→选择“连续波形输出”；

③ 参数设置：主要有频率(Freq)、幅度(Amp)和相位(Phase)等参数。设置过程为：按“Both”键→按“Ch1/2”键→选中“Ch1”或“Ch2”通道(有边框的代表被选中)→按压右侧的按键，选中待调整参数→使用“BKSP”旁边“⬅➡”键选取待调整数位→转动“Push for Manual Trigger”旋钮获得所需要的参数。

2. 李萨茹图形及应用

李萨茹曲线(Lissajous-Curve)是两个振动方向正交(相互垂直)的简谐振动合成的规则

而稳定的闭合曲线。该现象最早由纳撒尼尔·鲍迪奇(Bowditch)于1815年首先研究,朱尔·李萨茹(Lissajous)在1857年对这一现象进行了更详细的研究,李萨茹曲线又称为李萨茹图形(Lissajous-Figure)或鲍迪奇曲线(Bowditch-Curve)。李萨茹曲线被广泛运用于科学研究和工程技术领域。

在航天动力学中,李萨茹轨道(Lissajous orbit)是一种类周期性振动轨道,限制性三体系统中有5个平衡点(即拉格朗日点L1~L5),李萨茹轨道是围绕与两个主体在同一直线上的L1和L2点运行的轨道。使用李萨茹轨道的航天工程有:中国探月工程(嫦娥工程)、2009年发射的赫歇尔天文台和普朗克卫星、2001年发射的威尔金森微波各向异性探测器、1997年发射的太阳高分探测器(ACE)等。

李萨茹图形在信息、电机和电气等科学中有广泛应用。例如,相控阵雷达,两(三)相交流(步进/伺服)电机运转,介质阻挡放电能量测量(见实验27 电工新技术的电参数测试)等。

(1) 两个互相垂直相同频率简谐振动的合成

两个频率均为ω,初始相位为Φ_1和Φ_2,幅度为A和B的简谐振动x和y的表达式:

$$\begin{cases} x = A\cos(\omega t + \Phi_1) \\ y = B\cos(\omega t + \Phi_2) \end{cases} \tag{3}$$

消去公式(3)中的时间参量t,可得椭圆轨道方程:

$$\frac{x^2}{A^2} + \frac{y^2}{B^2} - 2\frac{xy}{AB}\cos(\Phi_2 - \Phi_1) = \sin^2(\Phi_2 - \Phi_1) \tag{4}$$

公式(4)中,定义相位差为$\Delta\Phi = \Phi_2 \sim \Phi_1$,当$\Delta\Phi$等于0和$\pi$时可得:$x/y = A_1/A_2$和$x/y = -A_1/A_2$。此时仍为简谐振动,但方向发生了改变;当$\Delta\Phi = \pi/2$时,公式(4)变为:$x^2/A^2 + y^2/B^2 = 1$。此时,如果$A = B$则轨迹为圆周,这是两相电机的运转方程;图6为不同相位的两个同频正交简谐振动合成图。

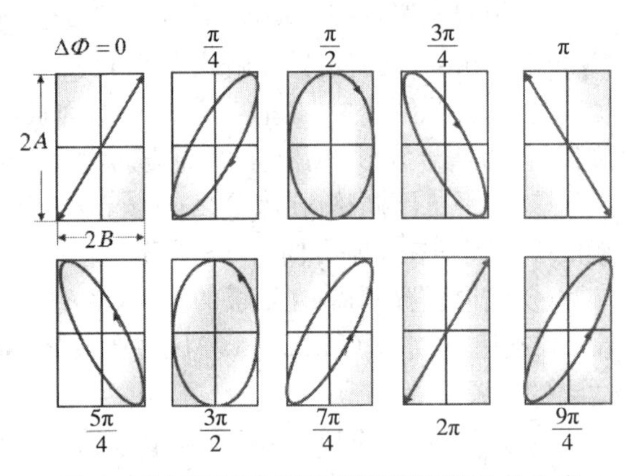

图6 两个互相垂直相同频率简谐振动的合成

将示波器和信号发生器设置成振动正交状态,信号发生器的两个输出通道信号频率和幅度设置为相同的数值(幅度可以不等),改变两路信号的相位差,将合成波形记录到表2。

表2 李萨茹图形观测不同相位的同频振动合成

信号源CH1/2的频率 $f_x = f_y$(kHz)	10.000	10.000	10.000	10.000	10.000	10.000	10.000	10.000	10.000
相位差(°)	0	45	90	135	180	225	270	315	360
李萨茹图形									

(2) 两个互相垂直不同频率简谐振动的合成

如果两个相互垂直的振动的频率不相同,它们的合运动比较复杂,而且轨迹是不稳定的。下面只讨论简单的情形。

① 两振动的频率只有很小的差异，则可以近似地当作相同频率的合成，不过相位差在缓慢地变化，因此合成运动轨迹将要不断地按图 6 的次序，从直线变成椭圆再变成直线等。

② 如果两振动频率相差较大，且呈整数比，则合成运动具有稳定的封闭运动轨迹，这种图称为李萨茹曲线。此时，也可以通过已知频率的振动，求得另一个振动的未知频率。

使用示波器和信号发生器观测频率为整数倍的两个简谐振动合成曲线，结果记入表 3。

表 3　李萨茹图形观测不同频率的振动合成

信号源 CH1 的频率 f_x(Hz)	1 000.00				
N_x	1	1	1	2	3
N_y	2	3	4	3	2
信号源 CH2 的频率 $f_y=f_xN_x/N_y$(Hz)	500.00				
李萨如图形					

【问题与讨论】

1. 模拟实时(ART)与数字存储(DSO)两种示波器技术的本质差异是什么?
2. 模拟实时(ART)与数字存储(DSO)两种示波器的各自优点和缺点是什么?
3. 模拟信号源(ASG)与直接数字合成(DDS)两种技术原理的本质区别是什么?
4. 直接数字合成器(DDS)与模拟信号发生器(ASG)相比，其技术优势是什么?
5. 简述数字示波器和 DDS 信号源在科学研究和工程技术方面的应用。

【参考文献】

[1] https://en.wikipedia.org/wiki/Direct_digital_synthesizer
[2] https://en.wikipedia.org/wiki/Numerically_controlled_oscillator
[3] https://en.wikipedia.org/wiki/Signal_generator
[4] https://en.wikipedia.org/wiki/Oscilloscope
[5] https://en.wikipedia.org/wiki/Oscilloscope_types#Analog_storage_oscilloscope
[6] http://www.radio-electronics.com/info/t_and_m/oscilloscope/oscilloscope_types.php

（陈秉岩）

实验 11　超声声速测定

声波是一种能在气体、液体和固体中传播的机械波。频率低于 20 Hz 的声波称为次声波，频率在 20 Hz～20 kHz 的声波称为可闻波，频率超过 20 kHz 的声波称为超声波，大部分人的耳朵通常都听不到超声波和次声波。超声波的波长大于光波，小于普通电磁波的波长，超声波比 X 射线更容易在物质内部传播。超声波具有波长短、易于定向发射等特点，可以广泛应用于无损探伤、诊断、测厚、碎石、处理和焊接等领域。超声技术的详细应用，参见本书附录 1。

【实验目的】

1. 了解超声换能器的工作原理和功能。
2. 学习不同方法测定声速的原理和技术。
3. 测定声波在空气中的传播速度。

【实验原理】

一、压电超声换能器

压电材料是受到压力作用时会在两端面间出现电压的晶体材料。常见的陶瓷、石英、镓酸锂、锗酸锂、锗酸钛等晶体材料均具有这个特性。另外，某些柔性的聚合物薄膜也具有压电特性，如聚偏氟乙烯(PVDF)。

产生压电特性的原理是，当对压电材料施加压力时，材料体内的电偶极矩会因外压力产生微形变而变短，此时压电材料为抵抗该变化会在材料相对的表面上产生等量正负电荷，以保持原状。这种由于形变而产生电极化的现象称为“正压电效应”。正压电效应实质上是机械能转化为电能的过程；反之，如果在压电材料上施加电场，则会使压电材料产生机械形变。这种效应成为“逆压电效应”，是电能转化为机械能的过程。

在本实验中，超声波信号发生和接收装置正是利用陶瓷材料的压电和逆压电效应制成的压电换能器，其基本结构如图 1 所示。超声波发生装置在其正负电极上施加与其固有工作频率点(约 40 kHz)一致的外部电压信号而产生超声波；超声波接收装置在接收到与其固有工作频率一致的超声波作用下产生机械谐振，并在其正负电极上产生与外部作用波频率一致的电信号输出。

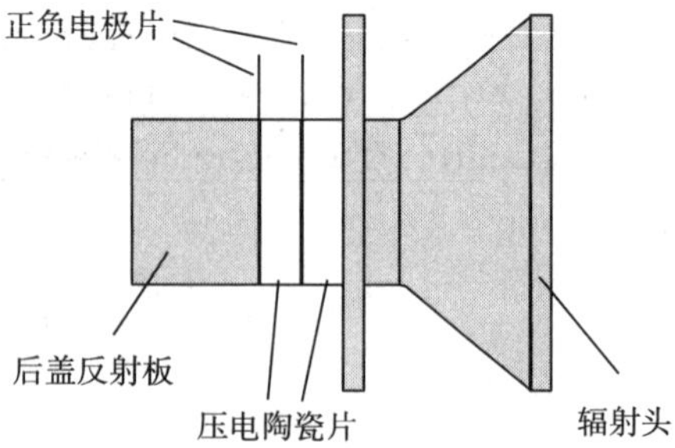

图 1　纵向振动压电换能器结构

二、测量方法

1. 驻波法测超声波长和速度

驻波是两列幅度相等的相干波(能产生干涉的波)在同一直线上沿相反方向传输时，在它们的叠加区域形成的一种特殊的波。当一列波向前传输遇到障碍时，产生的反射波与发射波叠加也会形成驻波。

压电换能器发出的声波近似于平面波，经接收器反射后，声波会在两端面间来回反射并叠加形成驻波，其方程为：

$$y=y_1+y_2=2A\cos(2\pi x/\lambda)\cos\omega t \tag{1}$$

公式(1)中，A 为振动波的幅度，ω 为角频率，λ 为波长，y_1 为发射波，y_2 为反射波。

如图2所示，发射波与反射波叠加形成的驻波，其幅度最大的点称为波腹，幅度最小的点称为波节(波节上的点始终静止不动)，驻波上相邻的两个波腹或波节之间的距离为半波长 $\lambda/2$。

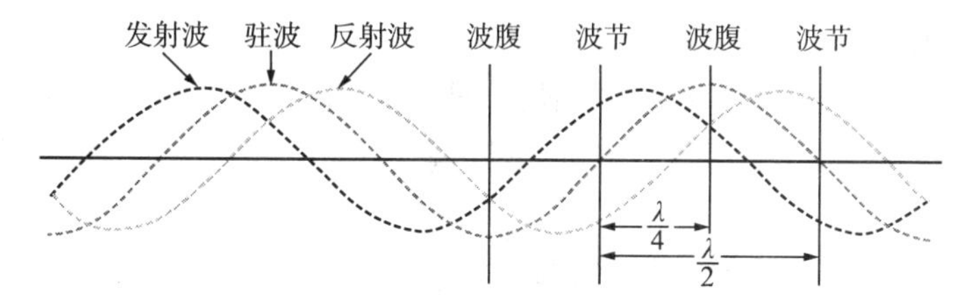

图2　驻波的波腹波节

当发射波与反射波发生共振时，接收器端面近似位于波节处时接收到的声压最大，经接收压电换能器形成的电信号也最强(压电换能器产生的声波是纵波，在介质中传播时，在传播方向上会产生疏密变化，波腹处介质被“拉伸”变疏，波节处被“压缩”变密，所以波节处的声压最大)。如图3所示的声速测试架，将两个压电换能器安装在测试架的S1和S2的位置上，超声波从S1发射在S2反射。当接收换能器的端面移动到某共振位置S2时，如果示波器上出现最强的电信号，继续移动接收器，将再次出现最强的电信号，则两次共振位置之间的距离为 $\lambda/2$，多次测量相邻半波长 $\lambda/2$ 的S2的距离可获得超声波的实际波长 λ。再根据超声波的频率 f，可获得超声波的实际传输速度：

$$v=\lambda\times f \tag{2}$$

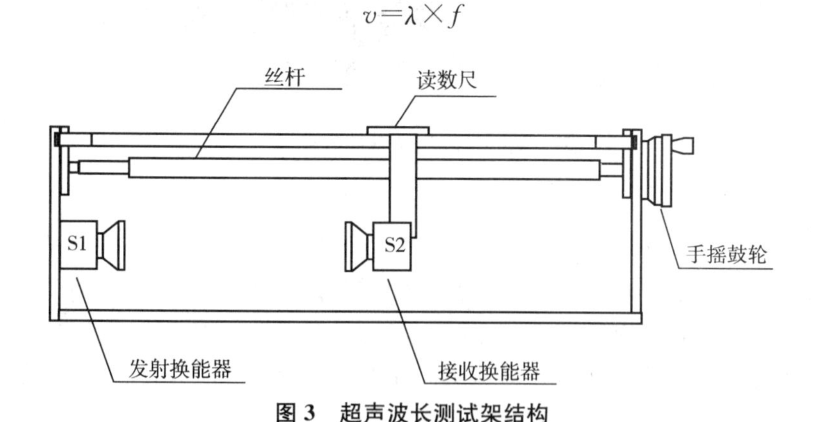

图3　超声波长测试架结构

2. 相位比较(李萨茹图形)法测超声波长和速度

对于发射波 $y_1=A\cos(\omega t-2\pi x/\lambda)$，接收器端面移动 Δx 后，接收到的余弦波与原发射波之间的相位差为 $\theta=2\pi\Delta x/\lambda$。将发射波和接收波输入示波器的CH1和CH2通道进行振动合成(示波器工作于 $X-Y$ 模式)，则可用李萨茹图形法观测超声波的波长和波速。在如图4所示的相位差合成图形中，图4(a)和4(c)表示接收换能器移动的距离 Δx 等于半个波长$\lambda/2$的整数倍;图4(a)和4(e)表示接收换能器移动的距离Δx等于整个波长λ的整数倍。

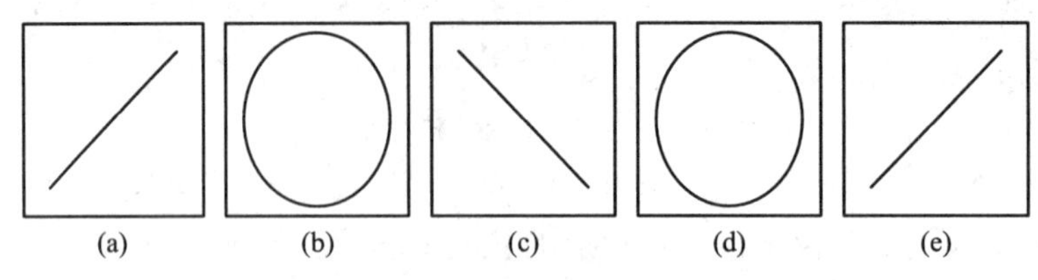

图4　发射和接收波合成的李萨茹图形

3. 时差法测超声波速度

连续波经脉冲调制后由发射换能器发射至被测介质中,超声波在介质中传播,经过时间t后,到达距离L处的超声接收换能器,发射和接收波的波形如图5所示。由运动定律可知,通过测量换能器发射接收平面之间距离L和时间t,就可计算出声波在介质中传播的速度:

$$v=L/t \tag{3}$$

在标准状况下,空气中声速的理论值为:

$$v_s=v_0\sqrt{\frac{273.15+T}{273.15}} \tag{4}$$

公式(4)中,v_0为$T_0=0℃$时的声速,$v_0=331.30\ \mathrm{m/s}$。

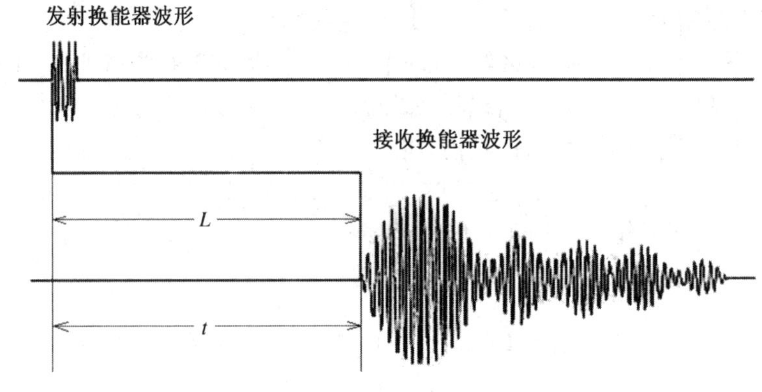

图5　发射波与接收波

【实验仪器】

数字示波器(Tektronix, TBS1102B—EDU)、双通道DDS信号发生器(Tektronix, AFG1022)、压电换能器、声速测试架、同轴电缆、信号分配器。声速测试架如图3所示,由超声发射换能器、超声接收换能器、丝杆、读书尺和手摇鼓轮等机构组成。

【注意事项】

1. 用声速测量仪测定波长时,应注意单方向(一般是超声波的传播方向)移动接收器,否则将会产生螺距间隙差(回程误差),造成读数误差。

2. 当S1和S2的距离≤50 mm时,示波器上看到的波形可能会产生"拖尾"。这是由于发射和接收换能器距离较近时,声波的强度较大,反射波引起的共振在下一个测量周期到来时未能完全衰减而产生的。此时，可通过调大 S1 和 S2 的距离，减小“拖尾”得到稳定的测量数据。

3. 由于空气中的超声波衰减较大，在较长距离内测量时，接收波会有明显的衰减。此时，需要调整接收换能器连接的示波器通道的电压放大倍数，使 S2 移动时获得清晰的波形。

【实验内容与步骤】

一、驻波法测量超声波长和速度

1. 测量装置的连接与设置

如图6所示，连接信号源、测试架和示波器。将数字示波器设置为“YT”模式，同步触发源设置为“CH1”，打开 CH1 和 CH2 通道。数字示波器（TBS1102B—EDU）开机后，通常默认为“YT”模式，并且 CH1 和 CH2 通道均开通；也可以通过面板上的“Default Setup”按键，使示波器进入到默认工作状态。并选择合适的 CH1 和 CH2 的放大倍数，使信号能在屏幕上完整显示。

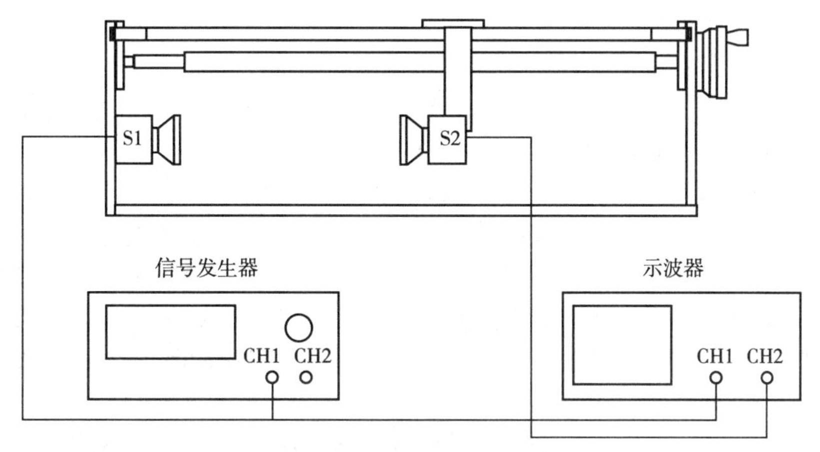

图6　超声波测试仪器设备连接图

2. 测定压电陶瓷换能器的谐振频率

当外加信号源的频率与换能器 S1 和 S2 的谐振频率 f_r 相等时，发生和接收换能器才能较好地进行声能与电能的相互转换，才能获得较好的实验效果。

调节方法：调节信号源输出电压幅度（通常取 5～10 V_{pp}），使发射换能器获得合适的激励电压，再调整信号频率（在 25～45 kHz 之间）。当频率调整到某些特定的数值时，信号接收换能器的电压幅度会明显增大。此时，通过微调信号发生器的输出频率，寻找电压幅度为最大值的频率点，此频率即是信号发生器与压电换能器匹配的最佳谐振工作频率点 f_r。在实验过程中，应该始终保持信号发生器与超声发射换能器的最佳匹配谐振频率点不变。

3. 超声波长和速度测量

将信号发生器的输出波形设置为连续正弦波方式。转动距离调节鼓轮，观察超声检查换能器输出的电压波形幅度的变化规律，记录电压幅度为最大时的位置 l_i。继续沿单一方向移动接收换能器，待幅度再次到达最大值时，记录下接收换能器此时所处的距离 l_{i+1}。即可求得声波波长：

$$\lambda_i = 2|l_{i+1} - l_i| \tag{5}$$

根据振动波的传输特性，超声波速度可以表达为波长和频率的函数关系：

$$v=\lambda\times f_r \tag{6}$$

二、相位法(李萨茹图形)测量超声波长和速度

按照图6连接仪器设备，将数字示波器(TBS1102B－EDU)设置为“XY”模式。设置方法：按压“功能(Utility)”按键→显示(Display)→屏幕上显示“格式”→使用“Multipurpose”旋钮选择并确认为“XY”模式，此时屏幕上出现李萨茹图形。

将信号发生器设置为连续正弦波输出，选择合适的发射强度(5～10Vpp)。连接好线路后，将示波器设置为“XY”模式，显示李萨茹图形。转动鼓轮，移动S2，使李萨茹图显示的椭圆变为一定角度的一条斜线，记录此时的位置l_i，继续沿单一方向移动换能器，使波形再次回到前面所说的特定角度的斜线，记录此时的位置l_{i+1}。此时，可求得超声波的波长为：

$$\lambda_i=2|l_{i+1}-l_i| \tag{7}$$

再将公式(7)计算得到的数据带入公式(6)，可得超声波的速度。

三、时差法测量声速

1. 仪器工作状态设置

按图6所示连接仪器设备，将函数发生器设置为脉冲串输出方式(手动控制)，将示波器设置为单次触发测量模式。具体设置过程如下：

信号发生器(Tektronix, AFG1022)的脉冲串输出设置：按正弦波按钮，将波形设置为正弦波，输出频率设置为谐振频率f_r；频率/幅度设置：按“Ch1/2”按钮，选中对应通道(有边框的通道代表选中)，通过屏幕右侧的按键选择需要调整的波形频率/幅度，通过“BKSP”面板旁的左右按键“⬅➡”选择要调整的信号频率/幅度位，旋转“Push for Manual Trigger”旋钮设置为想要的数值；按“Mod”按钮进入模式设置→选择“突发脉冲串”→将周期数设置为3～5周期(cycles)→将触发源设置为“手动”；按压CH1通道上方的“On/Off”按键，使按键上的灯点亮，此时CH1信号通道输出正常；用手按压“Push for Manual Trigger”旋钮，输出正弦波脉冲串。

数字示波器(Tektronix, TBS1102B—EDU)单次触发测量设置：将示波器的CH1和CH2信号通道均打开。信号发生器的输出经信号分配器分成两路，一路接到发射换能器上，另一路接到示波器的CH1通道。接收换能器的信号输入示波器的CH2通道；在触发面板上按“Trigger”区域的“Menu”键→按靠近屏幕“信源”右侧的按键，将信源头设为“CH1”(此时，示波器的触发源为CH1)；按“Single”键，示波器进入单次测量等待状态。此时，如果示波器的触发电平(Level)设置得当，当有信号从示波器的CH1和CH2通道进入时，CH1通道的信号启动示波器采样记录。

2. 超声速度测试

在信号发生器上选择合适的正弦波脉冲发射强度(5～10 Vpp)和个数(3～5周期)，移动S2与S1产生一定的距离(≥50 mm)，将示波器的CH1和CH2通道设置合适增益，使显示的波形完整清晰。每次测试前，先将按示波器的“Single”键，再按信号发生器的“Push for Manual Trigger”旋钮。此时，将在示波器上出现图5所示的发射换能器和接收换能器的信号。记录测试架上的S1和S2的距离L_i，信号源波形和接收换能器波形的时间差t_i。再将接收换能器S2移动一段距离，记录下一组L_{i+1}和t_{i+1}。根据公式(3)依次计算超声传输速度。

【数据记录与处理】

1. 实验初始数据记录

换能器谐振频率 $f_r=$________kHz；实验环境温度 $T=$________℃，根据公式(4)计算的声速 $v_s=$________m/s。

2. 驻波法测超声波的速度和波长

表1　驻波法测试数据记录表

次数	i	1	2	3	4	5	6	7	8	9	10
位置(mm)	l_i										
	l_{i+10}										
波长(mm)	$\lambda_i=\dfrac{\lvert l_{i+10}-l_i\rvert}{5}$										
	$\bar{\lambda}=\sum_{i=1}^{10}\dfrac{\lambda_i}{10}$										
声速(m/s)	$v=\bar{\lambda}\times f_r$										

3. 相位法测超声波的速度和波长

表2　相位法测试数据记录表

次数	i	1	2	3	4	5	6	7	8	9	10
位置	l_i										
	l_{i+10}										
波长(mm)	$\lambda_i=\dfrac{\lvert l_{i+10}-l_i\rvert}{10}$										
	$\bar{\lambda}=\sum_{i=1}^{10}\dfrac{\lambda_i}{10}$										
声速(m/s)	$v=\bar{\lambda}\times f_r$										

4. 时差法测超声波的速度和波长

表3　时差法测试数据记录表

次数	i	1	2	3	4	5	6	7	8	9	10
位置(mm)	l_i										
时间	t_i										
声速(m/s)	$v_i=\dfrac{l_{i+5}-l_i}{t_{i+5}-t_i}$										
	$\bar{v}=\sum_{i=1}^{5}\dfrac{v_i}{5}$										

5. 将三种方法计算出的声速与理论值比较，计算百分差，并分析误差产生的原因。

【问题与讨论】

1. 声速测量中的驻波法、相位比较法、时差法有何异同？
2. 声音在不同介质中传播有何区别？声速为什么会不同？
3. 为什么换能器要在谐振频率下进行声速测定，如何找到谐振频率点？
4. 接收信号的“拖尾”现象是如何产生的？如何消除“拖尾”？

（陈秉岩　朱昌平　韩庆邦）

实验12 液体表面张力系数和粘滞系数的测定

液体表面张力系数与粘滞系数是研究液体分子特性的两个重要参数，也是流体力学的两个重要参量。液体表面张力系数是研究分子间的相互作用力，由于液体表面上方接触的气体分子，其密度远小于液体分子密度，因此液面每一分子受到向外的引力比向内的引力要小得多，也就是说所受的合力不为零，力的方向垂直于液面并指向液体内部，该力使液体表面收缩，直至达到动态平衡。因此，在宏观上，液体表面好像一张拉紧的橡皮膜。这种沿着液体表面的、收缩表面的力称之为表面张力。表面张力能说明液体的许多现象，例如湿润现象、毛细管现象及泡沫的形成等。

液体表面张力的测量方法有：拉脱法、液滴法、拉平平板法及毛细管法。本实验基于拉脱法测量液体表面张力系数，采用高精度拉力传感器作为测力模块，通过平稳降低液面使吊环与液面脱离，取消了传统拉脱法中采用的抬高吊环脱离液面引起的抖动误差，提高了测量精确度。

液体的粘度系数是描述液体内摩擦性质的重要物理量，能够表征液体反抗形变的能力，只有在液体内存在相对运动的时候才会表现。落球法适合测定粘度较高的液体（例如蓖麻油）的粘滞系数，但是不适合测量粘度系数较小的液体（例如水或者酒精）。根据泊肃叶公式，采用流体法可以测量粘度较低的液体的粘滞系数。

【实验目的】

1. 掌握拉脱法测液体表面张力的原理，并用物理学概念和定律进行分析。
2. 掌握测量液体粘滞系数的测量及计算方法，掌握拉力传感器的数据定标方法。
3. 了解泊肃叶公式及其应用。

【实验原理】

一、液体表面张力测定原理

设想在液面上作一长为 L 的线段，则表面张力的作用就表现在线段两边的液体以一定的力 F 相互作用，且作用力方向与 L 垂直，其大小与线段的长度成正比。即 $F=\alpha L$，式中 α 为液体表面张力系数（作用于液面单位长度上的力）。

若将一个“O”型薄铝环浸入被测液体内，然后慢慢地将它从液面中拉出，可看到铝环带出一层液膜，如图1所示。设铝环的外径为 d_1，内径为 d_2，拉起液膜将要破裂时的拉力为 F，液膜的高度为 h，因为拉出的液膜有内外两个表面，而且其中间有一层液膜，液膜的厚度为铝环的壁厚，即 $(d_1-d_2)/2$。由于铝环的壁厚很小，这层液膜自身的重量可以忽略不计。

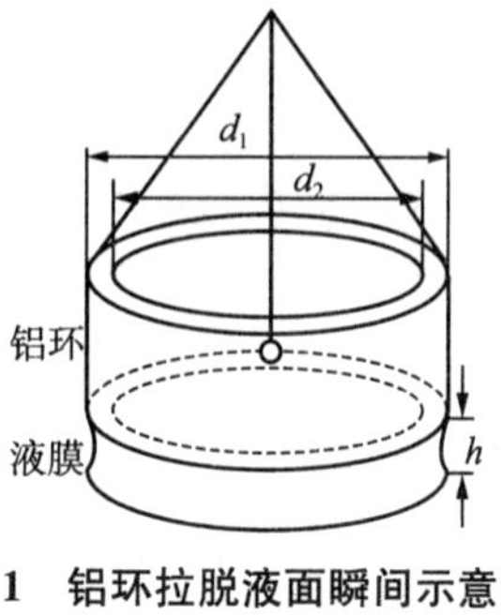

图1 铝环拉脱液面瞬间示意图

所受表面张力 $f=\alpha(d_1+d_2)\pi$，故拉力为

$$F=f+Mg \tag{1}$$

公式(1)中，Mg 为铝环自重，f 为被测液体表面张力，F 为拉力。将 $f=\alpha(d_1+d_2)\pi$ 代入上式得

$$F=\alpha(d_1+d_2)\pi+Mg \tag{2}$$

将公式(2)进行变换获得被测液体的表面张力系数 α 的表达式为

$$\alpha=\frac{F-Mg}{\pi(d_1+d_2)} \tag{3}$$

因此，只要测定出拉力 F、铝环自重 Mg、铝环外径 d_1 和内径 d_2 即可获得 α。

二、液体粘滞系数测定

粘滞力是流体受到剪切或拉伸应力变形所产生的阻力，是粘性液体内部的流动阻力。粘滞力主要来自分子间相互的吸引力。剪切粘度指两个板块之间流体的层流剪切。流体和移动边界之间的摩擦导致了流体剪切，使用流体粘度描述该行为的强度。在如图 2 所示的一般的平行流动中，单位截面剪切应力 τ 正比于速度 v 梯度：

$$\tau=-\eta\frac{\mathrm{d}v}{\mathrm{d}r} \tag{4}$$

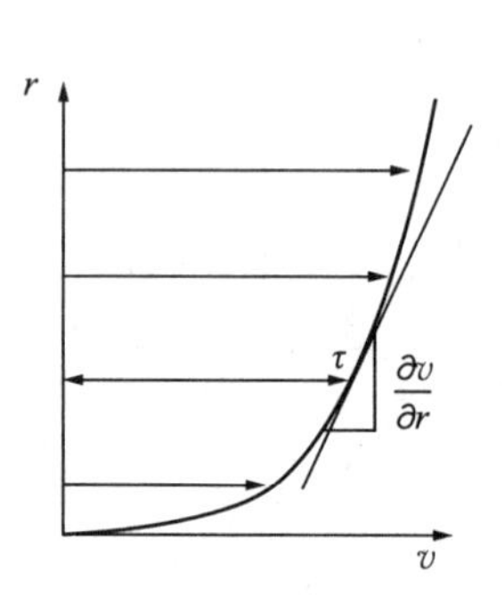

图 2　剪切粘度的示意图

公式(4)中，η 即为粘度(粘滞系数)。

公式(4)假设流动是沿着平行线的层流状态，并且垂直于流动方向的 r 轴指向最大剪切速度。满足剪切应力-速度梯度线性关系方程的流体被称作“牛顿流体”。

在图 3 所示的圆管内处于层流状态的牛顿流体，因液体的粘滞作用，在管壁处流体的流速为 0，在管心处流速最大，在距管心 r 位置处的流速设为 v。如果管长为 L，圆管半径为 R，圆管两端压强为 p_1 和 p_2，在半径为 r 的圆筒面处的内外流体的切向应力表达式为

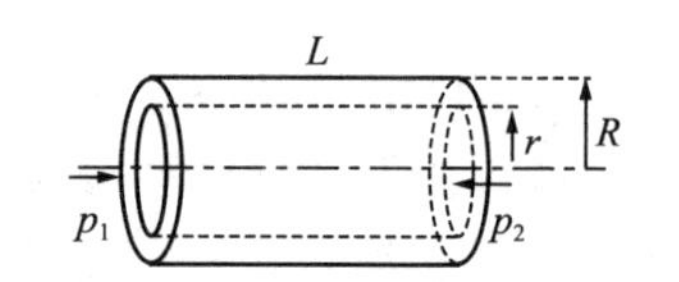

图 3　圆管内处于层流的流体

$$F=-2\pi rL\eta\frac{\mathrm{d}v}{\mathrm{d}r} \tag{5}$$

该切向应力由圆管两端流体的压力差提供，即

$$F=\pi r^2(p_1-p_2) \tag{6}$$

将公式(6)代入(5)，解微分方程可得距管心 r 位置处的流速为

$$v=\frac{p_1-p_2}{4\eta L}(R^2-r^2) \tag{7}$$

则在单位时间内流体通过管子的流量为

$$Q=\int_0^R 2\pi rv\mathrm{d}r=\frac{\pi(p_1-p_2)R^4}{8\eta L} \tag{8}$$

公式(8)称为泊肃叶公式，由法国生理学家泊肃叶在研究血管内的血液流动时首次提出。

图 4 是实验装置示意图，在大气压下的圆桶容器下端接一个毛细管，液体由毛细管中流出，圆筒中液体水位下降足够慢(准静态过程)，使毛细管中水流保持层流状态，此时毛细管

两端的压强差即为 $p_1-p_2=\rho gy$，此时射出的水流应呈抛物线状且平稳，则有：

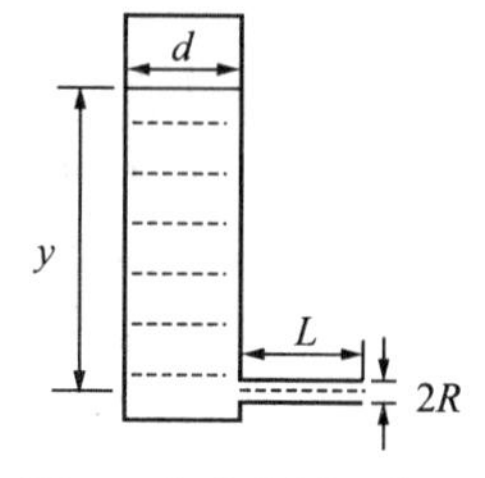

图4　实验装置示意图

$$Q=\frac{\pi\rho gyR^4}{8\eta L}=-\frac{dV}{dt}=-\frac{\pi d^2}{4}\frac{dy}{dt} \tag{9}$$

其中 V 是容器中流体的体积.求解公式(9)可以得到：

$$\ln y=\ln y_0-\frac{\rho gR^4}{2\eta Ld^2}t \tag{10}$$

令 $k=\frac{\rho gR^4}{2\eta Ld^2}$，则公式(10)可简化为：

$$\ln y=\ln y_0-kt \tag{11}$$

在公式(11)中，$\ln y$ 与时间 t 呈线性关系，其斜率 k 与粘滞系数 η 相关。

$$\eta=\frac{\rho gR^4}{2kLd^2} \tag{12}$$

【实验仪器】

本实验用到的液体表面张力和粘滞系数测试仪，具有如下特点：

1. 测力模块将微拉力计上承受的拉力转换为电压在仪器上显示，拉力显示分为实时显示和峰值保持；在实时显示时，仪器的电压指示与微拉力计上承受的拉力始终保持同步；在峰值保持状态，当微拉力计上承受的拉力连续变化时，仪器的电压指示也随之变化，当微拉力计上承受的拉力发生突变时，仪器的电压指示将停留在拉力发生突变前的那个状态，在实验中可保存铝环拉脱液面瞬间的值。

2. 计时模块有仪器自带精度为 0.1 s 的数显计时器，并能记录存储 15 组数据。按键式计时触发停止开关，配有计时、记录遥控器，方便实验数据记录。

3. 毛细管出水开关采用磁力堵头结构，操作方便且可靠。

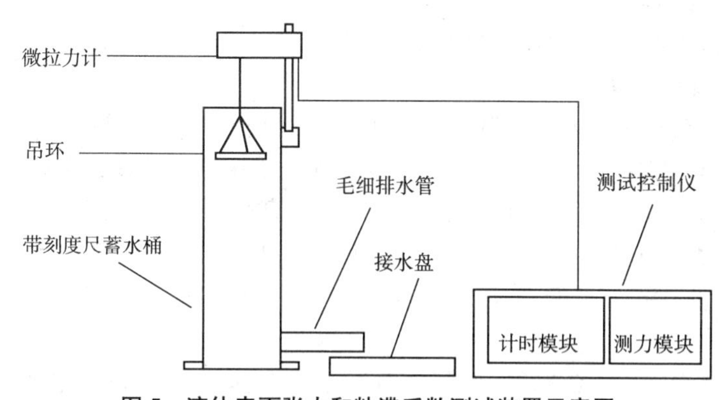

图5　液体表面张力和粘滞系数测试装置示意图

【实验内容与步骤】

1. 拉力计定标

由于液体表面张力很小，实验中使用了高灵敏度微拉力计。本实验仪器中的拉力计输出电压值与拉力大小呈线性关系，可以将测得电压值换算成拉力值。假设拉力计的线性度较好，且在未受力时的输出电压值为零，则拉力与输出电压的关系可表示为：$G_x = KU_x$。其中，K 为拉力计灵敏度，G_x为拉力，U_x为拉力计输出电压。因此，通过逐次增加已知重量的标准砝码并读取U_x的数值，即可获得拉力计的灵敏度 K。拉力计的定标过程如下：

(1) 将微拉力计安装在主机支架上，并将电压输出线连接到仪器电气盒的相应接口上。

(2) 将铝环悬挂在主机支架的挂钩上，保持拉力计于零拉力状态，打开电气盒上的总电源开关，然后将实时显示/峰值保持开关打到实时显示位置，调节调零旋钮将表头数据调节到零。

(3) 将铝环自由悬挂在拉力计上，将砝码托盘放置在铝环上，记录下此时的读数 U_1 填入表 1 中相应位置。

(4) 用镊子将 500 mg 标准砝码依次放在托盘上，并记录拉力计读数和增加的砝码重量。

(5) 根据所测数据，利用逐差法计算出拉力计的灵敏度 K。

2. 水的表面张力系数测定

(1) 将调平用水泡用镊子轻轻放置在砝码托盘中央，将放置好的吊环挂在主机固定支架的紧固螺钉上并观察此时水泡的位置，通过调节 3 个水平调节旋钮对吊环进行水平调节，使水泡中心位于正中心圆环内。取下调平水泡和砝码头盘，放置在收纳盒中。

(2) 稍微松开拉力计锁紧螺母，调节拉力计高度，使得铝环下半部分浸入液面中；将实时显示/峰值保持按钮打到“峰值保持”。

(3) 按下电气盒上复位开关清零数据后松开，打开水槽上的排水阀门使水缓慢排出。

(4) 仔细观察铝环在液面中的位置，可以观察到当铝环将要脱离液面时，会带起一层较为明显的液膜，此时拉力计的示数随水流的排出连续变化。

(5) 当铝环脱离液面拉断液膜时，拉力计的输出示数停留在液膜破裂前的那个示数 U_i，记录数据并关闭排水阀门；重复步骤(2)～(5)，多测量几组数据。

(6) 最后，在铝环悬空状态，将实时显示/峰值保持按钮打到“实时显示”，记录下此时的铝环重力对应的拉力计输出示数 U_0。

(7) 根据测量数据，计算液体的表面张力系数。

3. 测定水的粘滞系数

(1) 将计时遥控器接入电气控制箱后面的计时遥控接口，将实验主机下端排水口的挡盖取下，使蓄水筒内水通过下端毛细管排出，使水流呈平抛线形状并稳定。

(2) 蓄水筒内的水位缓缓下降，当水位线与某一刻度线齐平时，记下此时的刻度位置，并按动计时遥控器上的开始按钮，可见电气箱上电子秒表开始计时并显示。水位线每下降 0.5 cm，按一下计时遥控器上的记录按钮，电气控制箱上的计时器会自动将数据记录并保存起来。

(3) 当记录完十组以上数据时，按下计时遥控器上的停止按钮，停止计时，并将排水口挡块堵住排水口，停止实验。

(4) 通过仪器的“上翻”或“下翻”按键，查看实验数据(最多可记录 15 组，序号为 1 至 F)，5 位数码管的显示内容，首位为数据的存储序号(代表记录的先后次序)，后面 4 位显示的是每次按下记录按钮的时刻(有效数据)。

(5) 根据记录数据，在坐标纸上画出 $-\ln y - t$ 曲线，由曲线得到斜率 k。

(6) 由斜率 k 计算出液体的粘滞系数 η。

【数据记录与处理】

1. 拉力计定标

表1　拉力计灵敏度测算实验数据

序号	1	2	3	4	5	6	7	8
砝码质量 m(500 mg)	0	1	2	3	4	5	6	7
拉力计输出电压 V_n(mV)								
灵敏度	$K=16\,mg\left(\sum_5^8 V_i-\sum_1^4 V_j\right)^{-1}=$ ________							

2. 水的表面张力系数测定

表2　表面张力系数实验数据记录表

液体温度____℃　铝环内径____mm　铝环外径____mm　$U_0=$____ mV					
次序	1	2	3	4	5
V_i(mV)					
平均值	$\bar{V}=$				

此时，$F-Mg=K(\bar{V}-V_0)$，由公式(3)得 $\alpha=\dfrac{K(\bar{V}-V_0)}{\pi(d_1+d_2)}=$________。

3. 测定水的粘滞系数

毛细管内径 $2R$：______mm　　毛细管长度 L：______mm

毛细管在圆筒上的高度：$h_0=$________

蓄水筒内径 d：______mm　　待测液体种类：______

表3　粘滞系数实验数据记录表

序号	1	2	3	4	5	6	7	8	9
液面高度 h(cm)									
净高度 y(cm)									
时间 t(s)									
$\ln y$									

根据记录数据，在坐标纸上画出 $-\ln y-t$ 曲线，由曲线得到斜率 $k=$__________；由斜率 k 计算出液体的粘滞系数 $\eta=$__________。

【问题讨论】

1. 测表面张力系数过程中，会发现随水流的排出，拉力指示会出现先增大后回落的趋势，试分析其原因。

2. 试分析在实验中有哪些因数影响了液体粘滞系数的准确性？

（张　敏　陈秉岩）

实验13　光电效应及普朗克常数测定

光电效应是赫兹在1887年首先发现的，后来斯托列夫等人对此现象作了长时间的系统研究并总结出一系列实验规律。然而，用麦克斯韦的经典电磁理论无法完美解释这些基本规律。1905年爱因斯坦应用并发展了普朗克的量子理论，成功地解释了光电效应的全部规律，而后密立根经过十年左右艰苦卓著的实验研究于1916年证实了爱因斯坦理论的正确性，并精确地测量了普朗克常量。爱因斯坦和密立根都因光电效应等方面的杰出贡献分别于1921年和1923年获得诺贝尔物理学奖。

光电效应是指在光的照射下，某些物质内部的电子会被光子激发出来而形成电流，即光生电。而根据光子与物质相互作用的不同过程，光电效应又分为外光电效应和内光电效应。外光电效应是指在外界高于某一特定频率的电磁波辐射下，物体内部电子吸收能量而逸出表面的现象。而内光电效应是入射电磁波辐射到物体表面导致其电导率变化的现象，或入射电磁波辐射到物体表面导致其内部产生电动势的现象。

【实验目的】

1. 了解光电效应的基本原理，验证光电流的产生机制。

2. 通过测截止电压和其与频率的关系，验证爱因斯坦光电效应方程，求出普朗克常量，从而了解光的量子性。

3. 扩展部分：利用光电效应测量光电阻、光电池、光电二极管的基本物理特性。

【实验原理】

用一定频率的光照射到某些金属表面上时，会有电子从金属表面逸出，这种现象叫做光电效应，逸出的电子称为光电子。光电效应的实验规律可归纳如下：

(1) 光电流应和光强成正比；

(2) 光电效应存在一个截止频率（阈频率），即当入射光的频率低于某一值比时，不论光的强度如何都没有光电子产生；

(3) 光电子的动能和光强度无关，但与入射光的频率成正比；

(4) 光电效应是瞬时效应，一经光照射，立即产生光电效应。

为了解释光电效应的规律，爱因斯坦提出了“光量子”假设，认为光由光子组成，对于频率为ν的光波，每个光子的能量为

$$E=h\nu \tag{1}$$

式中h称为普朗克常量，公认值$h=6.626\times10^{-34}\ \mathrm{J\cdot s}$。

按照爱因斯坦的理论，光电效应实质是光子和电子相碰撞时光子把全部能量传递给电子，电子获得能量后，一部分用来克服金属表面对它的束缚，其余的能量成为电子逸出金属表面后的动能，爱因斯坦提出了著名的光电效应方程：

$$h\nu=\frac{1}{2}mv_0^2+A \tag{2}$$

式中 $h\nu$ 为光子的能量，A 为电子逸出金属表面的逸出功，$\frac{1}{2}mv_0^2$ 为光电子获得的初动能。

由上式可知，若光子的能量 $h\nu < A$，即电子吸收光子的能量值仍不足以逸出金属表面则不能产生光电子。产生光电效应的最低频率为 $\nu_0=A/h$，ν_0 称为光电效应的截止频率，不同的金属材料有不同的逸出功 A，对应的截止频率 ν_0 亦不相同。由于光强和光量子多少成正比，所以光电流与入射光强亦成正比，但是，每个电子只能吸收一个光子的能量，因而光电子获得的能量与光强无关，只与光子的频率成正比。

图1是实验原理图。一束频率为 ν 的入射光照射到光电管阴极 K 上，光电子即从阴极 K 中逸出，若在阴极 K 和阳极 A 之间外加一个反向电压 U_{KA}，它对光电子起减速作用，随着反向电压 U_{KA} 的加大，到达阳极 A 的电子逐渐减少，这时电流计 G 的读数也将减少，当 U_{KA} 增到某一值 U_0 时，光电流变为零，此时

$$eU_0=\frac{1}{2}mv_0^2 \tag{3}$$

式中 U_0 为截止电压，eU_0 为光电子克服反向电场所做的功。上式表示光电子的初动能全部消耗于克服反向电场所做的功。阳极电位高于截止电压后，随着阳极电位的升高，阳极对阴极发射的电子的收集作用越强，光电流随之上升，当阳极电压高到一定程度，已把阴极发射的光电子几乎全收集到阳极，在增加 U_{KA} 时 I_{KA} 不再变化，光电流出现饱和，饱和光电流 I_M 的大小与入射光的强度 P 成正比。光电流 I_{KA} 和电压 U_{KA} 的特性曲线如图2虚线所示。将(3)式代入(2)式得

$$h\nu=eU_0+A \tag{4}$$

此式表明截止电压 U_0 是频率 ν 的线性函数，直线斜率 $k=h/e$，做实验时，用某一频率的光照射光电管，即可作出 I_{KA}-U_{KA} 曲线，可得到对应这频率的截止电压 U_0。当用一系列不同频率的光入射时，即可得到一系列对应的截止电压，由此作出 U_0-ν 关系曲线。如果是直线就直接证明爱因斯坦光电效应方程是正确的，并可得到直线的斜率 k，由此可求出普朗克常量：

$$h=ke \tag{5}$$

式中 $e=1.602\times10^{-19}$ C(库仑)，为电子电量。

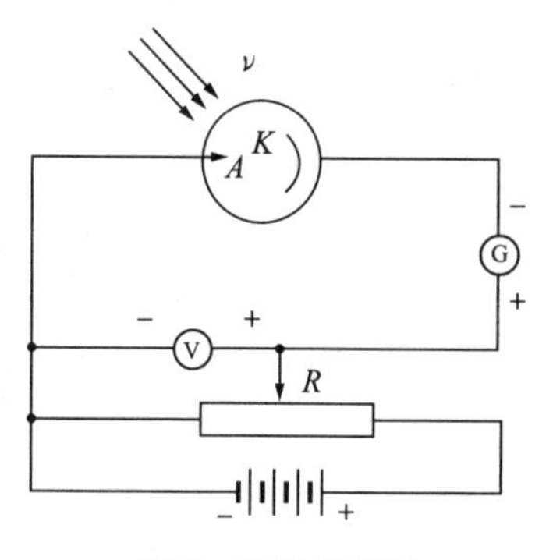

图1　实验原理图

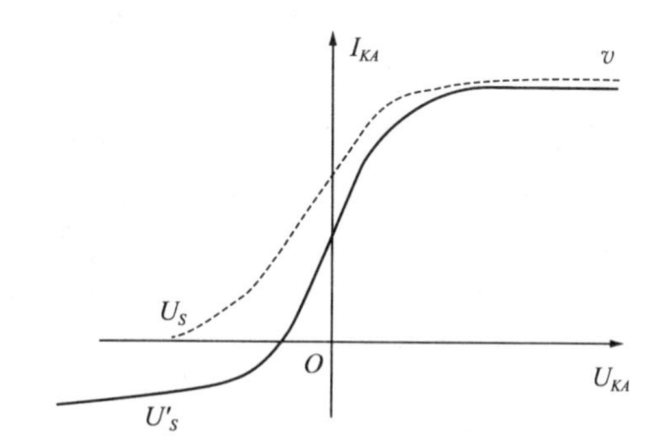

图2　光电管的伏安特性曲线

注意，实际测量中的光电流很小，需考虑由其他因素引起的如下的三种干扰电流：

(1) 暗电流:光电管在没有受到光照时,也会产生电流,称为暗电流。暗电流与外加电压呈线性变化。它由热电流(在一定温度下,阴极发射的热电子形成的电流)和漏电流(由于阳极和阴极之间的绝缘材料不是理想的绝缘材料而形成的电流)组成。

(2) 本底电流:因周围杂散光进入光电管而形成的电流。

(3) 反向电流:在制作光电管时,阳极 A 上往往溅有阴极材料,所以当光射到 A 上时,阳极 A 上也会逸出光电子;另外,有一些由阴极 K 飞向阳极 A 的光电子会被 A 表面反射回来。当在 A、K 之间加反向电压 U_{KA} 时,对 K 逸出的光电子来说起了减速作用,而对 A 逸出和反射的光电子来说却起加速作用,于是形成反向电流。

由于上述干扰的存在,当分别用不同频率的入射光照射光电管时,实际测得光电效应的伏安特性曲线如图 2 中实线所示。实测光电流曲线上的每一个点的电流为正向光电流、反向光电流、本底电流和暗电流的代数和,致使光电流的截止电压点也从 U_0 下移到 U_0' 点。它不是光电流为零的点,而是实测曲线中直线部分抬头和曲线部分相接处的点,称为"抬头点"。"抬头点"所对应的电压相当于截止电压 U_0。

【实验仪器】

LB－PH4A 光电综合实验仪由汞灯及电源、光阑、光电管、光电池盒、光电阻盒、光电二极管盒、控制箱(含光电管电源和微电流放大器)构成,实验装置如图 3 所示,控制箱的调节面板如图 4 和图 5 所示。

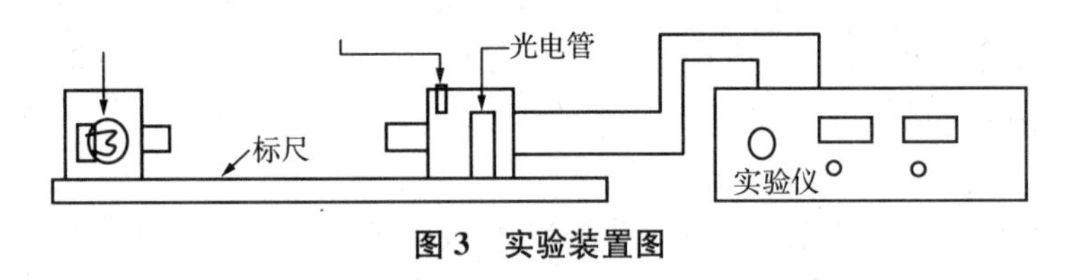

图 3 实验装置图

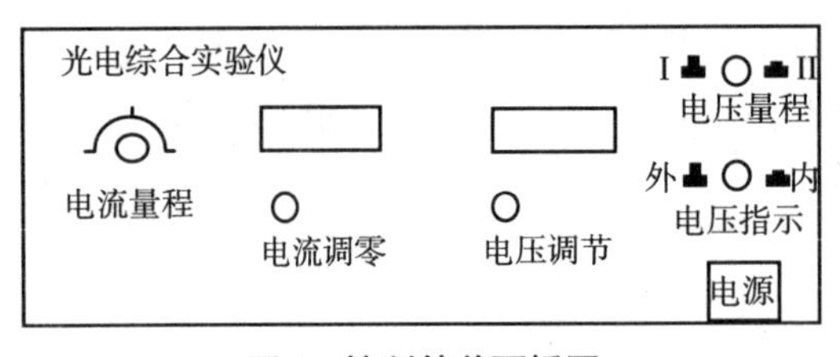

图 4 控制箱前面板图

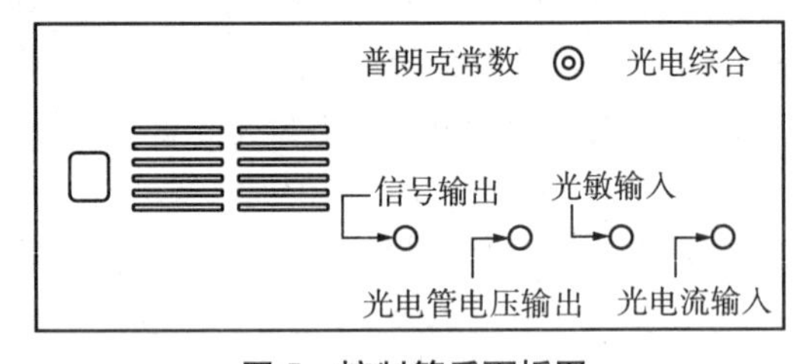

图 5 控制箱后面板图

仪器设备的主要技术参数为:① 光源采用高压汞灯,谱线范围 302.3～872.0 nm;② 滤色片组:5 组:中心波长 365.0 nm,404.7 nm,435.8 nm,546.1 nm,577.0 nm;③ 光阑孔径:2 mm、4 mm、8 mm、10 mm、12 mm;④ 微电流放大器:电流测量范围:10^{-5}～10^{-7} 和 10^{-10}～10^{-13} A,分 7 档,三位半数显;⑤ 电压调节范围:-2～$+2$ V,-3～$+20$ V,分 2 档,连续可调,三位半数显。

【实验内容和步骤】

1. 测试前准备

(1) 将控制箱及汞灯电源接通,预热 20 分钟。

(2) 把汞灯及光电管暗箱遮光盖盖上，将汞灯暗箱光输出口对准光电管暗箱光输入口，调整光电管于刻度尺 30 cm 处并保持不变。

(3) 用专用连接线将光电管暗箱电压输入端与控制箱“光电管电压输出”端(后面板上)连接起来(红—红，黑—黑)。控制箱后面的开关拨到普朗克常数一侧。

(4) 仪器在充分预热后，进行测试前调零：请先将控制箱光电管暗箱电流输出端 K 与控制箱“光电流输入”端断开，将电压指示开关打到内电压档。在无光电管电流输入的情况下，将“电流量程”选择开打至所需档位，旋转“电流调零”旋钮使电流指示为 0。每次更换新的测试量程时，都应进行调零。

(5) 用高频匹配电缆将光电管暗输出端 K 与测试仪微电流输入端(位于后面板)连接起来。

(注：在进行测量时，各表头数值请在完全稳定后记录，如此可减小人为读数误差。)

2. 测光电管的伏安特性曲线

(1) 将滤色片旋转 577.0 nm(亦可选择任意一谱线)，调光阑到 4 mm 或 2 mm 档。

(2) 从低到高调节电压，记录电流从非零到零点所对应的电压值(精细)；之后电压每变化一定值(可调节电压档到 −3～+20 V)记录相应的电流值(此时“电流量程”选择开关应置于 10^{-12}档)。

(3) 绘制光电管的伏安特性曲线。

3. 验证光电流与入射光通量成正比

由于照射到光电管上的光通量与光阑面积成正比，改变光阑大小选择波长 365 nm 的谱线，记录光电管的饱和光电流(设置 $U_{KA}=18$ V，电流表量程 10^{-10}档)。验证入射光通量与饱和光电流成正比。

4. 测普朗克常数

(1) 拐点法

将电压选择按键置于 −2～+2 V 档。将滤色片旋转 365.0 nm，调光阑到 8 mm 或 10 mm档。从低到高调节电压，记录电流从非零到零点所对应的电压值(精细)；之后电压每变化一定值记录相应的电流值(此时“电流量程”选择开关应置于 10^{-13} 档)，并依次换上 404.7 nm、435.8 nm、546.1 nm、577.0 nm 的滤色片，重复以上测量步骤。绘制光电管的伏安特性曲线(电压范围 −2 V～0 V)。

根据画出的伏安特性曲线，在图中分别找出每条谱线的“截止电压”(随电压缓慢增加电流有较大变化的横坐标值)，并记录此值。

以刚记录的电压值的绝对值作纵坐标，以相应谱线的频率作横坐标作出五个点，用此五点作一条 U_0-ν 直线，求出直线的斜率 k。可用 $h=k\cdot e$ 求出普朗克常数，并与理论值求出相对误差 $E=\frac{|h-h_0|}{h_0}\times 100\%$，式中 $e=1.602\times 10^{-19}$ C，$h_0=6.625\times 10^{-34}$ J·s。

理论上，测出各频率的光照射下阴极电流为零时对应的 U_{KA}，其绝对值即该频率的截止电压，然而实际上由于光电管的阳极反向电流、暗电流、本底电流以及极间接触电位差的影响，实测电流并非阴极电流，而实测电流为零时对应的 U_{KA} 也并非截止电压。

光电管制作过程中阳极往往被污染，沾上少许阴极材料，入射光照射阳极或入射光从阴极反射到阳极之后都会造成阳极光电子发射，U_{KA} 为负值时，阳极发射的电子向阴极迁移构成了阳极反向电流。暗电流和本底电流是热激发产生的光电流与杂散光照射光电管产生的光电流，可以在光电管制作或测量过程中采取适当措施以消除它们的影响。极间接触电位差与入射光频率无关，只影响U_0的准确性，不影响U_0-ν 直线斜率，对测定 h 无影响。

本实验采用新型结构的光电管，避免了光线直接照射到阳极，由阴极反射到阳极的光也很少，加上采用新型的阴、阳极材料及制造工艺，使得阳极反向电流大大降低，暗电流水平也很低。

(2) 零电流法

理论上，测出各频率的光照射下阴极电流为零时对应的U_{KA}，其绝对值即该频率的截止电压，然而实际上由于光电管的阳极反向电流、暗电流、本底电流以及极间接触电位差的影响，实测电流并非阴极电流，而实测电流为零时对应的U_{KA}也并非截止电压。

暗电流和本底电流是热激发产生的光电流与杂散光照射光电管产生的光电流，可以在光电管制作或测量过程中采取适当措施以消除它们的影响。如果实验仪器采用了新型结构的光电管。由于其特殊结构使光不能直接照射到阳极，由阴极反射到阳极的光也很少，加上采用新型的阴、阳极材料及制造工艺，使得阳极反向电流大大降低，暗电流水平也很低。

零电流法就是直接将各谱线照射下测得的电流为零时对应的电压 U_{KA} 作为截止电压 U_0。此法的前提是阳极反向电流、暗电流和杂散光产生的电流都很小，用零电流法测得的截止电压与真实值相差很小，且各谱线的截止电压都相差 ΔU，对 U_0-ν 曲线的斜率无大的影响，因此对 h 的测量不会产生大的影响。

将电压选择键置于-2～$+2$ V 档；将“电流量程”选择开关置于 10^{-13}档，将控制箱电流输入电缆断开，调零后重新接上；调到直径 4 mm 的光阑及 365.0 nm 的滤色片。从低到高调节电压，直到 I_{KA}稳定显示为零时，记录下此时的U_{KA}作为截止电压 U_0，并绘制 U_0-ν 曲线。由于电流表在 10^{-13}档时非常敏感，此时电压调节一定要非常缓慢(一点一点调节)；尤其在零点附近时，要特别注意。

依次换上 404.7 nm、435.8 nm、546.1 nm、577.0 nm 的滤色片，重复以上测量步骤。

【数据记录与处理】

1. 测光电管的伏安特性曲线

λ=577.0 nm　光阑=________mm　距离=________cm

表 1　测光电管的伏安特性曲线

U_{KA}(V)	-2	-1	0	1	2	5	8	11	15	19
I_{KA}($\times10^{-12}$ A)										

由表 1 在坐标纸上作出 I_{KA}-V_{KA} 曲线。

2. 验证光电流与入射光通量的正比关系

λ=365.0 nm　U_{KA}=18 V　距离=________cm

表 2　光电流与入射光通量关系

光阑孔径	2 mm	4 mm	8 mm	10 mm	12 mm
光阑面积 S(mm^2)					
I_{KA}($\times10^{-10}$ A)					

由表2在坐标纸上作出 $I_{KA}-S$ 关系线。

3. 普朗克常数测定

(1) 拐点法

光阑=________mm　距离=________cm

表3　$I_{KA}-U_{KA}$ 数据记录表(电压选择按键置于−2～+2 V档)

365 nm		405 nm		436 nm		546 nm		577 nm	
U_{KA}(V)	$I(\times10^{-13}$ A)	U_{KA}(V)	$I(\times10^{-13}$ A)	U_{KA}(V)	$I(\times10^{-13}$ A)	U_{KA}(V)	$I(\times10^{-13}$ A)	U_{KA}(V)	$I(\times10^{-13}$ A)

由表3在坐标纸上用不同颜色的笔作出 $I_{KA}-U_{KA}$ 曲线,并由曲线找到各波长对应的截止电压 U_0 填入表4。

表4　拐点法 $U_0-\nu$ 数据记录表

波长 nm	365	405	436	546	577
频率($\times10^{14}$ Hz)	8.22	7.41	6.88	5.49	5.20
$-U_0$(V)					

再由表4在坐标纸上作出一条 $U_0-\nu$ 直线,求出直线的斜率 k。可用 $h=k\cdot e$ 求出普朗克常数并与理论值比较,求出相对误差。

$k=$________, $h=$________, $E=\dfrac{|h-h_0|}{h_0}\times100\%=$________

(2) 零电流法:将电压选择按键置于−2～+2 V档,将"电流量程"选择开关置于 10^{-13} 档;从低到高调节电压,测量各波长对应的 $I_{KA}=0$ 时 U_0 的值,填入表5。

光阑孔径=4 mm　距离=________cm

表5　零电流法 $U_0-\nu$ 数据记录表

波长 nm	365	405	436	546	577
频率($\times10^{14}$ Hz)	8.22	7.41	6.88	5.49	5.20
$-U_0$(V)					

由表5在坐标纸上作出一条U_0-ν直线，求出直线的斜率k。可用$h=k\cdot e$求出普朗克常数并与理论值比较，求出相对误差。

$k=$_________，$h=$_________，$E=\dfrac{|h-h_0|}{h_0}\times 100\%=$_________

注：① 本实验采用的光电管暗电流很小，有时候补偿量很难观测到；② 零电流法和补偿法的数据处理方式同拐点法。

【问题讨论】

1. 实测的光电管的伏安特性曲线与理想曲线有何不同？“抬头点”的确切含义是什么？
2. 当加在光电管两极间的电压为零时，光电流却不为零，这是为什么？
3. 实验结果的精度和误差主要取决于哪几个方面？

（张　敏）

实验14　霍尔效应及其应用

霍尔效应是置于磁场中的载流体，如果电流方向与磁场垂直，则在垂直于电流和磁场的方向会出现电势差的现象。这种现象是霍尔于1879年在研究载流导体在磁场中受力性质时发现的，后被称为霍尔效应。

在电流体中的霍尔效应是目前研究“磁流体发电”的理论基础。1980年，德国科学家冯·克利青在低温和强磁场条件下研究二维电子气的输运特性过程中发现了量子霍尔效应，这是凝聚态物理领域最重要的发现之一。目前，量子霍尔效应正在进行深入研究，并取得了重要应用，例如用于确定电阻的自然基准，可以极为精确地测量光谱精细结构常数等。

研究人员曾经利用金属材料的霍尔效应制成测量磁场的传感器，但其霍尔效应太弱未获得推广应用。随着半导体材料和制造工艺的发展，因其霍尔效应显著而得到实用和发展。如今，霍尔效应不但是测定半导体材料电学参数的主要手段，而且随着电子技术的进展，利用该效应制成的半导体霍尔器件，由于结构简单、频率响应宽（高达10 GHz）、寿命长、可靠性高等优点，已广泛用于非电量测定、自动控制和信息处理等方面。例如，在磁场、磁路等研究和应用中，霍尔效应及其元件是不可缺少的，利用它观测磁场具有直观、干扰小、灵敏度高、效果显著等特点。

【实验目的】

1. 掌握霍尔效应原理及霍尔元件有关参数的含义和作用。
2. 测绘霍尔元件的V_H-I_s、V_H-I_M曲线，了解霍尔电势V_H与工作电流I_s、磁感应强度B及励磁电流I_M之间的关系。
3. 计算样品的载流子浓度以及迁移率。
4. 学习用“对称交换测量法”消除负效应产生的系统误差。

【实验原理】

霍尔效应的本质是运动的带电粒子在磁场中受洛仑兹力的作用而引起的偏转。当带电粒子（电子或空穴）被约束在固体材料中，这种偏转就导致在垂直电流和磁场的方向上产生正负电荷在不同侧的聚积，从而形成附加的横向电场。如图1所示，磁场B位于Z的正向，与之垂直的半导体薄片上沿X正向通以电流I_s（称为工作电流），假设载流子为电子（N型半导体材料）沿着与电流I_s相反的X负向运动。由于洛仑兹力f_L作用，电子即向图中虚线箭头所指的位于Y轴负方向的B侧偏转，从而在A侧和B侧分别形成正电荷和电子积累。与此同时运动的电子还受到由于两种积累的异种电荷形成的反向电场力f_E的作用。f_E随着电荷积累的增加而增大，当洛仑兹力f_L与电场力f_E大小相等（方向相反）时（$f_L=-f_E$），电子积累便达到动态平衡。这时在A、B两端面之间建立的电场称为霍尔电场E_H，相应的电势差称为霍尔电势V_H。由于霍尔电场的建立时间极短，且其方向与磁场有关，霍尔效应也能应用于交流磁场测量。

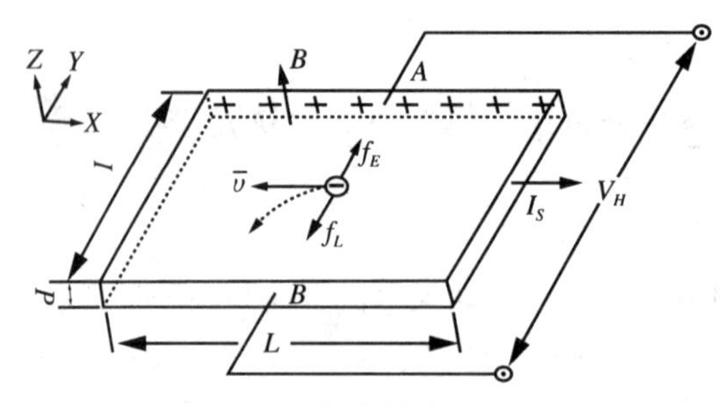

图 1　霍尔电势产生原理

设电子按均匀速度 $\bar{v}$ 向图示的 X 负方向运动，在磁场 B 作用下，所受洛仑兹力为：

$$f_L=-e\bar{v}B$$

式中 e 为电子电量，$\bar{v}$ 为电子漂移平均速度，B 为磁感应强度。

同时，电场作用于电子的力为：

$$f_E=-eE_H=-eV_H/l$$

式中 E_H 为霍尔电场强度，V_H 为霍尔电势，l 为霍尔元件宽度。

当达到动态平衡时：$f_L=f_E$，即

$$\bar{v}B=V_H/l \tag{1}$$

设霍尔元件厚度为 d，载流子浓度为 n，则霍尔元件的工作电流为：

$$I_S=ne\bar{v}ld \tag{2}$$

由公式(1)和(2)可得：

$$V_H=\frac{1}{ne}\frac{BI_S}{d}=R_H\frac{BI_S}{d} \tag{3}$$

即霍尔电势 V_H（A、B 间电压）与 I_s 和 B 的乘积成正比，与厚度 d 成反比。比例系数 $R_H=1/(ne)$ 称为霍尔系数，它是反映材料霍尔效应强弱的重要参数。根据材料电导率 $\sigma=ne\mu$ 可得：

$$R_H=\mu/\sigma \text{ 或 } \mu=|R_H|\sigma \tag{4}$$

公式(4)中，μ 为载流子的迁移率，即单位电场下载流子的运动速度，电子迁移率通常大于电子空穴，因此通常采用 N 型半导体材料制作霍尔元件。

当霍尔元件的材料和厚度确定时，设：

$$K_H=\frac{R_H}{d}=\frac{1}{ned} \tag{5}$$

将公式(5)代入(3)得：

$$V_H=K_HBI_S \tag{6}$$

公式(6)中的 K_H 称为霍尔元件的灵敏度[单位：mV/(mA・T)]，表示单位磁感应强度和单位控制电流下的霍尔电势大小，K_H 越大越好。由于金属的电子浓度 n 很高，根据公式(5)可知其 R_H 或 K_H 都不大，因此金属不适宜作霍尔元件。此外元件厚度 d 越薄，K_H 越高，可以通过减小 d 增加灵敏度。对于半导体材料，在弱磁场下应引入修正因子 $A=3\pi/8$，从而有 $R_H=3\pi/(8ne)$；但是，也不能认为 d 越薄越好，由于材料的厚度 d 太小会导致其电阻增加，这对霍尔元件是不利的。本实验采用的霍尔片的厚度 $d=0.2$ mm，宽度 $l=1.5$ mm，长

度 $L=1.5$ mm。

由公式(5)可知,求得霍尔灵敏度 K_H 后,根据样品的尺寸参数,可求得载流子浓度 $n=1/(K_H ed)$。其中 e 为电子电量,d 为样品厚度。还可以根据材料电导率 $\sigma=ne\mu$,计算载流子的迁移率 μ。

应当注意:当磁感应强度 B 和元件平面法线成一角度时(如图2),作用在元件上的有效磁场是其法线方向上的分量 $B\cos\theta$,此时:

$$V_H=K_H I_S B\cos\theta$$

所以一般在使用时应调整元件两平面方位,使 V_H 达到最大,即 $\theta=0$ 时,有:

$$V_H=K_H I_S B\cos\theta=K_H I_S B \tag{7}$$

由式(7)可知,当工作电流 I_S 或磁感应强度 B,两者之一改变方向时,霍尔电势 V_H 方向随之改变;若两者方向同时改变,则霍尔电势 V_H 极性不变。

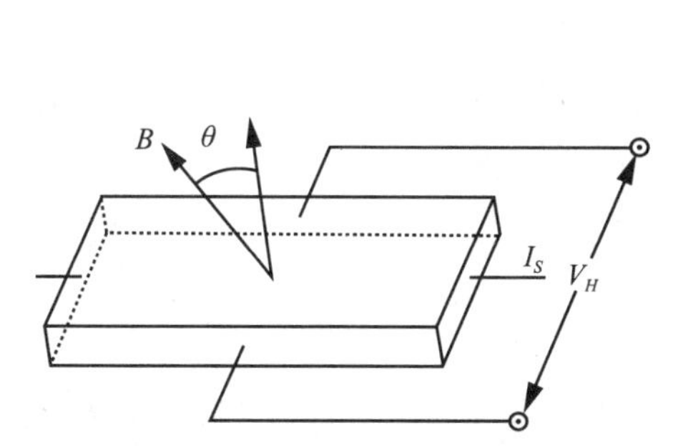

图2 磁感应强度 B 与 I_S 存在夹角

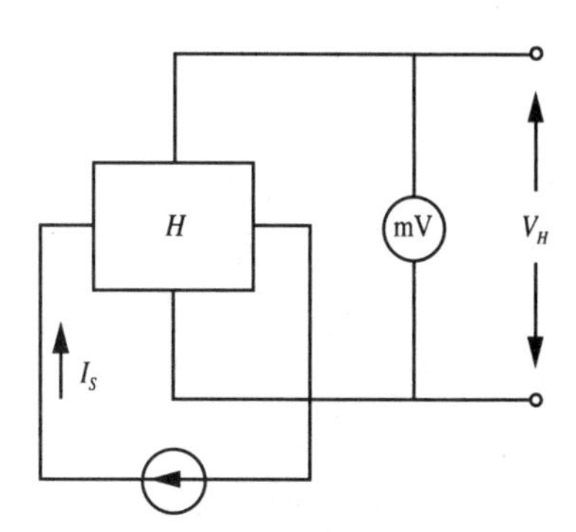

图3 霍尔器件测量磁场的原理

霍尔元件测量磁场的基本电路如图3所示,将霍尔元件置于待测磁场的相应位置,并使元件平面与磁感应强度 B 垂直,在其控制端输入恒定的工作电流 I_S,霍尔元件的霍尔电势输出端接毫伏表,测量霍尔电势 V_H 的值。对于交变磁场,霍尔器件的输出 V_H 为交流信号,此时需使用交流毫伏表或示波器测量 V_H。并利用霍尔灵敏度,计算出交变磁场的大小。

【实验仪器】

ZC1510型霍尔效应实验仪,由双线圈磁场实验仪和霍尔电压测试仪(含电源和测量数字表)组成。

一、双线圈磁场实验仪

由两个励磁线圈组成,单个线圈匝数1 400匝,有效直径72.0 mm,两个线圈的中心间距52.0 mm。表1为双线圈磁场的直流励磁电流 I_M 与磁感应强度 B 的对应数值。

表1 双线圈磁场的直流电流与磁感应强度对应数值

直流电流值 I_M(A)	0.100	0.200	0.300	0.400	0.500
中心磁感应强度 B(mT)	2.25	4.50	6.75	9.00	11.25

移动尺装置:横向移动距离70.0 mm,纵向移动距离25.0 mm;霍尔效应片类型:N型砷化镓半导体。

二、测试仪

测试仪器由直流励磁恒流源、霍尔元件工作恒流源和三位半电压表组成。各功能模块参数如下：

霍尔器件工作恒流源 I_S：工作电压 8 V，输出电流 0～8.00 mA，3 位半数字显示。

磁场励磁直流恒流源 I_M：工作电压 24 V，输出电流 0～0.500 A，3 位半数字显示。

数字电压表：测量霍尔电压时，采用 20 mV 量程，3 位半 LED 显示，分辨率 10 μV，准确度为 0.5%；测量不等电位(零位)电势时，采用 2 000 mV 量程，3 位半 LED 显示，分辨率 1 mV，准确度为 0.5%。

【注意事项】

1. 励磁电源输出的电压较高，绝对不可错连其他接线端，否则会损坏仪器或霍尔片。

2. 移动尺的调节范围有限，在调节到两边停止移动后，不可继续调节，以免因错位而损坏移动尺。

3. 实验时，严禁带电插拔霍尔片插头线，否则，可能使霍尔片遭受冲击电流而使霍尔片损坏。通常情况下，实验过程中不需要重新连接霍尔片的连线。

4. 霍尔片体积小，较薄，请勿用手或其他工具触碰，勿受外力冲击，以免损坏！

5. 加电前必须保证测试仪的“I_S调节”和“I_M调节”旋钮均置零位(即逆时针旋到底)，防止 I_S和 I_M电流未调到零就开机。

6. 测试仪的“I_S输出”接双线圈实验仪的“I_S输入”，“I_M输出”接“I_M输入”。绝不允许将“I_M输出”接到“I_S输入”处，否则一旦通电，会损坏霍尔片！

【实验内容与步骤】

1. 实验仪器的电路连接

(1) 将测试仪的直流恒流源输出端(0～0.500 A)连接 I_M磁场励磁电流的输入端(两组红色和黑色接线柱分别对应相连)。

(2) “测试仪”左下方供给霍尔元件工作电流 I_S的直流恒流源输出端，接“实验架”上 I_S霍尔片工作电流输入端(将红接线柱与红接线柱对应相连，黑接线柱与黑接线柱对应相连)。

(3) “测试仪”V_H、V_σ测量端，接“实验架”中部的 V_H、V_σ输出端。

2. 测量霍尔元件的零位(不等位)电势 V_0和不等位电阻 R_0

(1) 将实验仪和测试架的转换开关切换至 V_H，用连接线将中间的霍尔电压输入端短接，调节调零旋钮使电压表显示 0 mV。

(2) 将 I_M电流调节到 0 mA。

(3) 调节霍尔元件工作电流 I_S=3.00 mA，利用 I_S换向开关改变霍尔工作电流输入方向分别测出零位霍尔电压 V_{01}和 V_{02}，计算不等位电阻：

$$R_{01}=\frac{V_{01}}{I_S},R_{02}=\frac{V_{02}}{I_S} \tag{8}$$

3. 测量霍尔电压 V_H与工作电流 I_S 的关系

(1) 先将 I_s 和 I_M都调零，调节霍尔电压表，使其显示为 0 mA。

（2）将霍尔元件移至线圈中心，调节 $I_M=500$ mA 和 $I_S=0.50$ mA，按表 2 的 I_S 和 I_M 的正负情况切换“实验架”上的电流方向，分别测量霍尔电压 V_H 值（V_1，V_2，V_3，V_4）填表 2。然后 I_S 每次递增 0.50 mA，测量各 V_1、V_2、V_3、V_4 值。

（3）根据表 2 中所测得的数据，绘出 V_H-I_S 曲线，验证线性关系。

表 2　V_H-I_S（$I_M=500$ mA）实验数据

I_S(mA)	V_1(mV)	V_2(mV)	V_3(mV)	V_4(mV)	$V_H=\frac{V_1-V_2+V_3-V_4}{4}$(mV)
	$+I_S+I_M$	$+I_S-I_M$	$-I_S-I_M$	$-I_S+I_M$	
0.50					
1.00					
1.50					
….					
4.00					

4. 测量霍尔电压 V_H 与励磁电流 I_M 的关系

（1）先将 I_M、I_S 调零，调节 I_S 至 3.00 mA。

（2）调节 $I_M=100$ mA、150 mA、200 mA、…、400 mA，分别测量霍尔电压 V_H 值填入表 3 中。

（3）根据表 3 中所测得的数据，绘出 V_H-I_M 曲线，验证线性关系。

表 3　V_H-I_M（$I_S=3.00$ mA）实验数据

I_M(mA)	V_1(mV)	V_2(mV)	V_3(mV)	V_4(mV)	$V_H=\frac{V_1-V_2+V_3-V_4}{4}$(mV)
	$+I_S+I_M$	$+I_S-I_M$	$-I_S-I_M$	$-I_S+I_M$	
100					
150					
200					
……					
400					

5. 计算霍尔元件的灵敏度

根据公式(7)可知，如果已知 B，则可以计算霍尔元件的灵敏度 K_H，其表达式为：

$$K_H=\frac{V_H}{I_S B} \tag{9}$$

公式(9)中，双线圈的励磁电流与总磁感应强度对应数值如表 1 所示。

6. 测量样品的电导率

霍尔样品的电导率 σ 表达式为：

$$\sigma=\frac{I_S L}{V_\sigma l d} \tag{10}$$

式中 I_S 是流过霍尔片的工作电流（单位：A），V_σ 是霍尔片长度 L 方向的电压（单位：V，

与厚度 d 成反比)，霍尔片的尺寸为长 L、宽 l 和厚 d(单位：m)，则 σ 的单位为 $S \cdot m^{-1}$($1\ S = 1\ \Omega^{-1}$)。

实验时，将实验仪和测试架的转换开关均切换至 V_σ 位置。测量 V_σ 前，先对实验仪的毫伏表调零。这时 I_M 必须为0，或者断开 I_M 连线。将工作电流调节到0.1 mA，测量 V_σ 值。测量出电导率 σ 后，就可求出样品载流子浓度 n 和载流子迁移率 μ。

附录：实验系统误差及其消除

测量霍尔电势 V_H 时，不可避免的会产生一些副效应，由此而产生的附加电势叠加在霍尔电势上，形成测量系统误差，这些副效应有：

1. 不等位电势 V_0

两个测量霍尔电势的电极在制作时不可能绝对对称地焊在霍尔元件两侧[如图 4(a)]、霍尔元件电阻率不均匀、控制电流极的端面接触不良[如图 4(b)]都可能造成 A、B 两极不处在同一等位面上，此时虽未加磁场，但 A、B 间存在电势差 V_0，这种电势差称为不等位电势，$V_0 = I_S R_0$，R_0 是两等位面间的电阻，由此可见，在 R_0 确定的情况下，V_0 与 I_S 的大小成正比，且其正负随 I_S 的方向而改变。

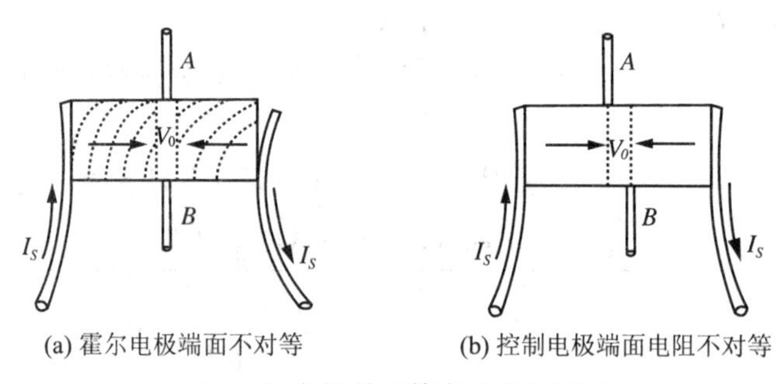

(a) 霍尔电极端面不对等　　(b) 控制电极端面电阻不对等

图 4　霍尔器件不等电位产生原理

2. 爱廷豪森效应

当元件通以 X 轴方向的工作电流 I_S，Z 轴方向加磁场 B 时，由于霍尔片内的载流子速度服从统计分布，有快有慢。在到达动态平衡时，在磁场的作用下慢速快速的载流子将在洛仑兹力和霍尔电场的共同作用下，沿 Y 轴分别向相反的两侧偏转，这些载流子的动能将转化为热能，使两侧的温升不同，因而造成 Y 轴方向上的两侧有温差($T_A - T_B$)。因为霍尔电极和元件两者材料不同，电极和元件之间形成温差电偶，这一温差在 A、B 间产生温差电动势 V_E，且 $V_E \propto I_S B$。这一效应称爱廷豪森效应，V_E 的大小和正负与 I_S、B 的大小和方向有关，和 V_H 与 I_S、B 的关系相同，所以不能在测量中消除 V_E。

3. 伦斯脱效应

由于控制电流的两个电极与霍尔元件的接触电阻不同，控制电流在两电极处将产生不同的焦耳热，引起两电极间的温差电动势，此电动势又产生热电流 I_Q，热电流在磁场作用下将发生偏转，结果在 Y 轴方向上产生附加的电势差 V_N，且 $V_N \propto I_Q B$。这一效应称为伦斯脱效应，由 $V_N \propto I_Q B$ 可知 V_N 的符号只与 B 的方向有关，与 I_S 的方向无关，因此可以通过改变 B 的方向予以消除 V_N。

4. 里纪-杜勒克效应

根据伦斯脱效应，霍尔元件在 X 轴方向有温度梯度，引起载流子沿梯度方向扩散而有热电流 I_Q通过元件，在此过程中载流子受 Z 轴方向的磁场 B 作用，在 Y 轴方向引起类似爱廷豪森效应的温差 T_A-T_B，产生电势差 $V_{RL}\propto I_Q B$，其正负与 B 的方向有关，与 I_S的方向无关，因此也可以通过改变 B 的方向予以消除 V_{RL}。

为了减少和消除以上效应的附加电势差，利用这些附加电势差与霍尔元件工作电流 I_S、磁场 B(即相应的励磁电流 I_M)的关系，采用对称(交换)测量法进行测量。

当$+I_S$，$+I_M$时　　$V_{AB1}=+V_H+V_0+V_E+V_N+V_R$

当$+I_S$，$-I_M$时　　$V_{AB2}=-V_H+V_0-V_E+V_N+V_R$

当$-I_S$，$-I_M$时　　$V_{AB3}=+V_H-V_0+V_E-V_N-V_R$

当$-I_S$，$+I_M$时　　$V_{AB4}=-V_H-V_0-V_E-V_N-V_R$

对以上四式作如下运算则得：

$$\frac{1}{4}(V_{AB1}-V_{AB2}+V_{AB3}-V_{AB4})=V_H+V_E$$

可见，除爱廷豪森效应以外的其他副效应产生的电势差会全部消除，因爱廷豪森效应所产生的电势差 V_E 的符号和霍尔电势 V_H 的符号，与 I_S及 B 的方向关系相同，故无法消除 V_E，但在非大电流、非强磁场下，$V_H\gg V_E$，因而 V_E可以忽略不计，由此可得：

$$V_H\approx V_H+V_E=\frac{V_1-V_2+V_3-V_4}{4} \tag{11}$$

(刘翠红　陈秉岩)

实验 15　密立根油滴仪测定电子电荷

美国物理学家密立根(R.A.Millikan)于 1909—1917 年开展了微小油滴所带电荷的测量工作,即所谓油滴实验,在全世界久负盛名,堪称实验物理的典范。他精确地测定了电子电荷的值,直接证实了电荷的不连续性。由于这个实验的原理清晰易懂,设备和方法简单、直观而有效,在物理发展史上具有重要的意义。

密立根由于测定电子电荷和借助光电效应测普朗克常数等项成就,荣获 1923 年诺贝尔物理学奖。实验采用电荷耦合器件(charge coupled devices: CCD)摄像机和液晶显示,对实验加以改进,制成电视显微密立根油滴仪,从监视器上观察油滴,视野宽广,图像鲜明,观测省力,易于和微机接口。

【实验目的】

1. 通过对带电油滴在重力场和静电场中运动的测量,验证电荷的不连续性,并测定电子的电荷值。

2. 通过对仪器的调整、油滴的选择、耐心地跟踪和测量以及数据的处理等,培养学生严肃认真和一丝不苟的科学方法和态度。

【实验原理】

一、基本原理

用喷雾器将雾状油滴喷入两块相距为 d 的水平放置的平行极板之间。如果在平行极板上加电压 U,则板间场强为 U/d。由于摩擦,油滴在喷射时一般都是带电的。调节电压 U,可使作用在油滴上的电场力与重力平衡,油滴静止在空中,如图 1 所示,此时

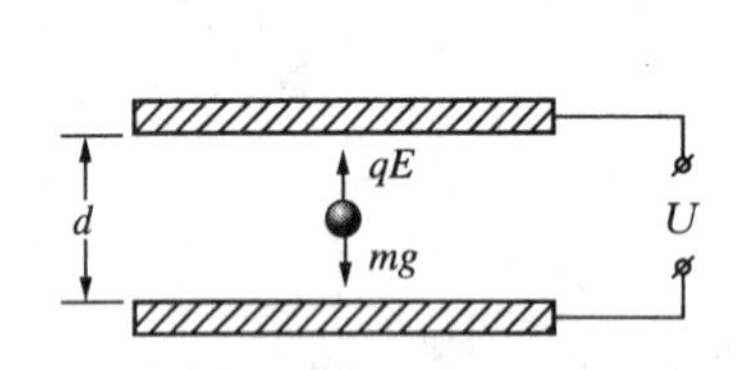

图 1　带电油滴电场力与重力平衡图

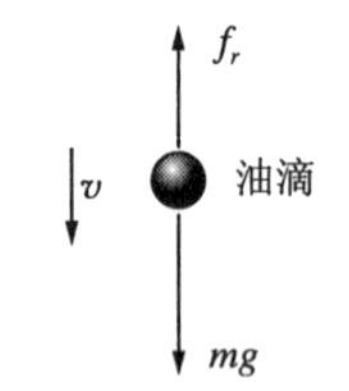

图 2　油滴下落阻力与重力作用图

$$mg = q \cdot \frac{U}{d} \tag{1}$$

要从上式测出油滴所带电量 q,还必须测出油滴质量 m。

二、油滴质量的测定

当平行极板未加电压时,油滴受重力作用而加速下落,但由于空气的粘滞阻力与油滴速度成正比(根据斯托克斯定律),达到某一速度时,阻力与重力平衡,油滴将匀速下降,如图 2 所示。此时

$$mg=f_r=6\pi a\eta v \tag{2}$$

式中：η 为空气粘滞系数；a 为油滴半径；v 为油滴下降速度。油滴密度为 ρ，则

$$m=\frac{4}{3}\pi a^3\rho \tag{3}$$

由(2)、(3)两式得

$$a=\sqrt{\frac{9\eta v}{2\rho g}} \tag{4}$$

斯托克斯定律是以连续介质为前提的。在我们的实验中，油滴半径 $a\approx 10^{-6}$ m，对于这样小的油滴，已不能将空气看作连续介质，因此，空气粘滞系数应作如下修正：

$$\eta'=\frac{\eta}{1+\frac{b}{pa}}$$

b 为常数：$b=6.17\times10^{-6}$ m · cm(Hg)，p 为大气压强，用 η' 代 η 得到

$$a=\sqrt{\frac{9\eta v}{2\rho g}\cdot\frac{1}{1+\frac{b}{pa}}} \tag{5}$$

上式根号中的 a 处于修正项中，可用(4)式代入计算，将式(5)代入式(3)得到

$$m=\frac{4}{3}\pi\left[\frac{9\eta v}{2\rho g}\cdot\frac{1}{1+\frac{b}{pa}}\right]^{\frac{3}{2}}\cdot\rho \tag{6}$$

三、均匀速度 v 的测定

如果在时间 t 内，油滴匀速下降距离为 L，则油滴匀速下降的速度 v 可求得

$$v=L/t \tag{7}$$

四、计算公式

将(7)式代入(6)式，再代入(1)式得到

$$q=\frac{18\pi}{\sqrt{2\rho g}}\left[\frac{\eta L}{t\left(1+\frac{b}{pa}\right)}\right]^{\frac{3}{2}}\cdot\frac{d}{U} \tag{8}$$

公式(4)、(8) 中 ρ、η 都是温度的函数。g、p 随时间、地点的不同而变化。但在一般的要求下，我们取

$\rho=1\ 000$ kg · m^{-3}　$g=9.80$ m · s^{-2}　$b=6.17\times10^{-6}$ m · cm(Hg)

$\eta=1.83\times10^{-5}$ kg · m^{-1} · s^{-1}　$p=76.0$ cm(Hg)　$d=5.00\times10^{-3}$ m

$L=1.00\times10^{-3}$ m(在屏幕上，分划板上 2 格的距离)

把以上参数代入(8)式得到

$$q=\frac{5.05\times10^{-15}}{\left[t\left(1+0.030\ 0\sqrt{t}\right)\right]^{\frac{3}{2}}\cdot U}\quad(\text{库仑}) \tag{9}$$

因此，实验中实际测量的只有两个量：

1. 使带电的油滴在电场中平衡静止时，加在平行极板上的平衡电压 U。

2. 撤去电场后，此油滴在重力和空气阻力共同作用下，匀速下降 $L=1.00$ mm(由于显

微镜成倒像，油滴在分划板自下而上匀速经过 2 格）所用的时间 t。

把测得的 U、t 代入(9)式就可以求得油滴上所带的电量 q，对于不同的油滴，测得的电荷量不是连续变化的，而是基本电荷量 e 的整数倍。我们测量的油滴不够多，可以用 e 去除 q，看 q/e 是否接近整数 n，再用 n 去除 q，得到我们测出的电子电量 e。

【实验仪器】

电视显微油滴仪由油滴盒、CCD 电视显微镜、电路箱和监视器组成。

用 CCD 摄像机成像，将油滴在监视器屏幕上显示。视野宽广，观测省力，免除眼睛疲劳，这是油滴仪的重大改进。电视显微油滴仪构成示意图如图 3 所示。

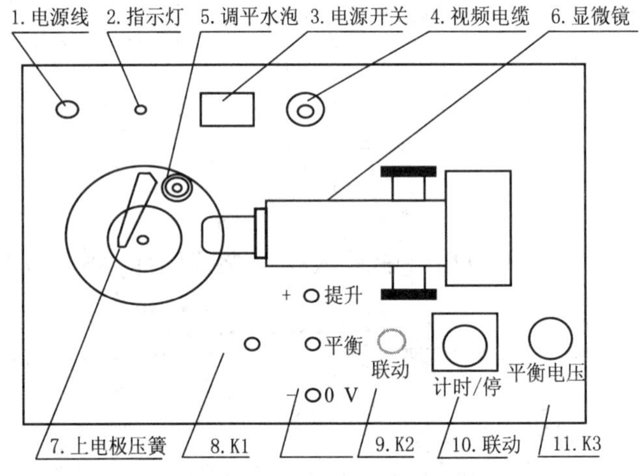

图 3　电视显微油滴仪构成示意图

一、油滴盒

如图 4 所示，中间是两个圆形平行极板，间距为 d，放在有机玻璃防风罩中。

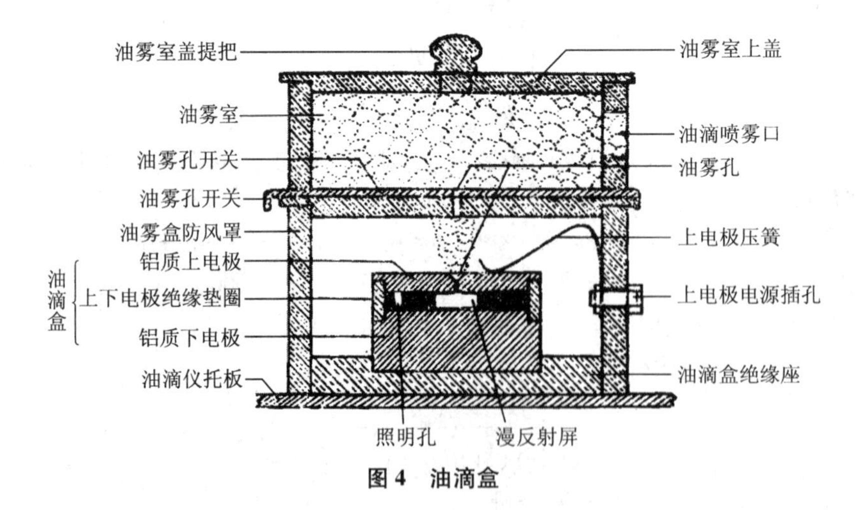

图 4　油滴盒

上电极板中心有一个直径 0.4 mm 的小孔，油滴经油雾孔落入小孔，进入上下电极板之间，由聚光电珠照明。防风罩前装有测微显微镜。

二、电源部分

提供下列四种电源：

1. 500 V直流平衡电压。接平行极板，使两极间产生电场。该电压可连续调节，电压值从数字电压表上读出，并受工作电压选择开关控制。开关分三档，“平衡”档提供极板以平衡电压；“下落”档除去平衡电压，使油滴自由下落；“提升”档是在平衡电压上叠加了一个200 V左右的提升电压，将油滴从视场的下端提升上来，作下次测量。

2. 200 V左右的提升电压。

3. 5 V的数字电压表，数字计时器，发光二极管等的电源电压。

4. 12 V的CCD电源电压。

三、CCD成像系统

CCD(Charge Coupler Device，电荷耦合器件)是固体图像传感器的核心器件。由它制成的摄像机，可把光学图像变为视频电信号，由视频电缆接到监视器上显示，或接录像机或接计算机进行处理。本实验使用灵敏度和分辨率甚高的黑白CCD摄像机，用高分辨率的黑白监视器，将显微镜观察到的油滴运动图像，清晰逼真地显示在屏幕上，以便观察和测量。

四、喉头喷雾器

结构如图5。手握气囊骤然挤压，气嘴便有高速气流喷出，气流侧向压强较小，迫使毛细管中的油液面上升并随气流射出，分散为细小的油滴，油滴因摩擦而携带了少量的正电荷或负电荷。本实验使用钟表油，喷雾器储油不可过多，使用或放置均要保持直立状态，不可倾斜或倒立。向油滴盒喷雾时挤压1～2次即可，等待观察并细心调节光路，确认油滴不理想时再行补喷，切忌无休止挤压呈打气筒状。喷口部件是玻璃器皿，要留心保护；胶质气囊不耐油浸，小心勿使沾染油污。

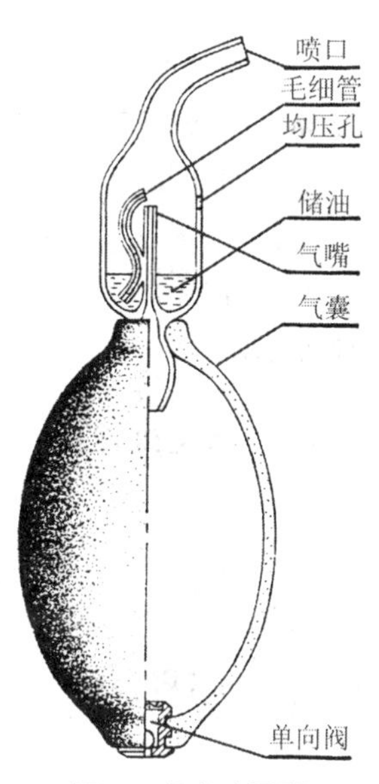

图5　喉头喷雾器

【实验内容和步骤】

一、仪器调节

将仪器放平稳，调节仪器底部左右两只调平螺丝，使水准泡指示水平，这时平行极板处于水平位置。预热10分钟，利用预热时间从测量显微镜中观察。

将油从油雾室旁的喷雾口(喷一次即可)喷出，微调测量显微镜的调焦手轮，这时视场中即出现大量清晰的油滴，如夜空繁星。

对OM99S型与CCD一体化的屏显油滴仪，则从监视器荧光屏上观察油滴的运动。如油滴斜向运动，则可转动显微镜上的圆形CCD，使油滴做垂直方向运动。

注意：调整仪器时，如要打开有机玻璃油雾室，应先将工作电压开关放在“下落”位置。

二、测量练习

1. 练习控制油滴：在屏幕中看到油滴后，关闭油雾孔开关，旋转平衡电压旋钮，将平衡电压调至 200 V 左右待用。扳动平衡电压开关使平衡电压加到平行极板上，油滴立即以各种速度上下运动。直到屏幕剩下几颗油滴时，选择一颗近于停止不动或运动非常缓慢的油滴，仔细调节平衡电压，使这一颗油滴静止不动。然后去掉平衡电压，让它自由下降。下降一段距离后再加“提升”电压，使油滴上升。如此反复多次练习，以掌握控制油滴的方法。

2. 练习选择油滴：本实验的关键是选择合适的油滴。太大的油滴必须带较多的电荷才能平衡，结果不易测准。太小会由于热扰动和布朗运动，涨落很大。通常可以选择平衡电压在 100 V 以上，在 20 s 时间内匀速下降 1 mm 的油滴，其大小和带电量都比较合适。

3. 练习测速度：任选几个不同速度的油滴，用停表测出下降 1～2 格所需时间。

三、正式测量

1. 选好一颗适合的油滴，加平衡电压使之基本不动，加提升电压，使油滴缓慢移动至屏幕下方的某条刻度线上，仔细调平衡电压，记下平衡电压。

2. 去掉平衡电压，油滴开始加速下落，下降 1～2 格后基本匀速，开始计时，取 $L=0.100$ cm，记下时间间隔 t。

3. 由于涨落，对每一颗油滴进行 6～10 次测量，而且每次测量都要重新调整平衡电压。另外，要选择不同油滴（不少于 5 个）进行反复测量。

4. 在测量过程中，油滴可能前后移动，油滴亮度变暗甚至模糊不清，应当微调对焦手轮使油滴重新对焦。

【数据记录与处理】

表 1　实验数据纪录表格

油滴编号	平衡电压（V）	油滴匀速下落（或上升 1 mm）的时间（s）						油滴所带电量（C）$q=\dfrac{5.05\times10^{-15}}{[t(1+0.030\,0\sqrt{t})]^{3/2}V}$
		t_1	t_2	t_3	t_4	t_5	$\bar{t}$	
1								
2								
3								
4								
5								
6								
7								

表 2　计算油滴上的电子数和电子电荷值

油滴序号	1	2	3	4	5	6	7
油滴电量 q（$\times10^{-19}$C）							
电子数 n							
电子电荷 e（$\times10^{-19}$C）							

由表 2 计算电子电荷的平均值及相对误差。

$\bar{e}=$ ________________；

$E=\frac{|\bar{e}-e_{标准}|}{e_{标准}}=$ ____________________。

【问题讨论】

1. 分析油滴下落太快或太慢将会导致哪些物理量的测量误差增大？

2. 请分析引起油滴在水平方向漂移的可能原因(1～2 条)。

(张　敏　陈秉岩　熊传华)

实验 16　半导体 PN 结正向压降温度特性及其应用

半导体器件是现代电子技术最重要也是最基本的组成部分，常用的半导体材料有：硅(Si)、锗(Ge)、砷化镓(GaAs)、碳化硅(SiC)等，PN 结的正向压降具有随着温度升高而降低的特性。20 世纪 60 年代初，人们已经开始探索 PN 结作为测温元件的应用，但是由于当时的 PN 结参数不稳定，始终未能进入实用阶段。随着人们对半导体 PN 结的深入研究和工艺水平的提高，PN 结晶体管温度传感器在 70 年代已成为一种新的测温技术跻身于各个应用领域。

常用的温度传感器有热电偶、测温电阻器和热敏电阻等，这些温度传感器各有优缺点，如热电偶适用温度范围宽，但灵敏度低、线性差且需要参考温度；热敏电阻灵敏度高、热响应快、体积小，缺点是非线性；测温电阻器如铀电阻的精度高、线性度好，但灵敏度低且价格昂贵；PN 结温度传感器灵敏度高、线性好、热响应快、体积小等优点，但可测温度范围较窄。

PN 结在温度的微机控制、信号采集与处理方面具有优越性，其应用日益广泛。目前，PN 结温度传感器主要以硅为材料，将测温、恒流和放大等单元共同集成。1979 年，Motorola 公司生产的测温晶体管灵敏度达到 100 mV/℃、分辨率优于 0.1℃。但是硅材料 PN 结温度传感器在非线性不超过 0.5%的条件下，其工作温度范围仅为−50～150℃。如果采用锑化铟或胂化嫁等材料，PN 结可以扩展低温或高温测量范围，中国 1985 年研制成功以 SiC 为材料的 PN 结温度传感器，其高温区可延伸到 500℃，并荣获国际博览会金奖。市场上常用的 PN 结温度传感器有 DS18B20、AD590、LM35、LM7X、TMP 等。DS18B20 由美国达拉斯半导体公司生产，可通过编程实现 9～12 bit 的精度，测温范围−55～125℃(±0.5℃)；AD590 是 ADI 公司生产的电流型温度传感器，测温范围−55～150℃(±0.3℃)；LM75 是 I^2C 接口的 12bit 数字温度传感器，测温范围−55～125℃(±2℃)；LM74 是 SPI 接口的 12bit 数字温度传感器，测温范围−55～125℃(±1.5℃)。

PN 结除了作为温度传感器之外，还可以作为压力、霍尔、光学等传感器使用。自然界有丰富的材料资源，而人类具有无穷的智慧，理想的温度传感器正期待着人们去探索、开发。本实验将研究不同温度下的 PN 正向压降特性，并进一步研究应用 PN 结测量玻尔兹曼常数的应用，估算材料的禁带宽度，估算 PN 结的反向饱和电流等，引导学生建立半导体物理学的基本概念和理论。

【实验目的】

1. 测量同一温度的 PN 结正向电压随正向电流的变化关系，绘制伏安特性曲线。
2. 测定不同温度的 PN 结正向电压，确定其灵敏度，估算 PN 结材料的禁带宽度。
3. 根据 PN 结的正向电压和电流特性参数，计算玻尔兹曼常数 k。

【实验原理】

一、PN结正向电流和压降特性

PN结是半导体器件的基本单元，采用不同的掺杂工艺，通过扩散作用，将空穴型(P型)半导体与电子型(N型)半导体制作在同一块半导体(通常是硅或锗)基片上，在它们的交界面形成的空间电荷区即为PN结，因内部势垒和电场作用，PN结具有单向导电性，其结构如图1所示；如果在半导体单晶上制备两个能相互影响的PN结，组成一个NPN(或PNP)结构，则形成半导体三极管，其结构如图2所示。三极管中间的P区(或N区)叫基极(b)，两边的区域叫发射极(e)和集电极(c)。两个PN结上加不同极性和大小的偏置电压，半导体三极管呈现不同的特性和功能。

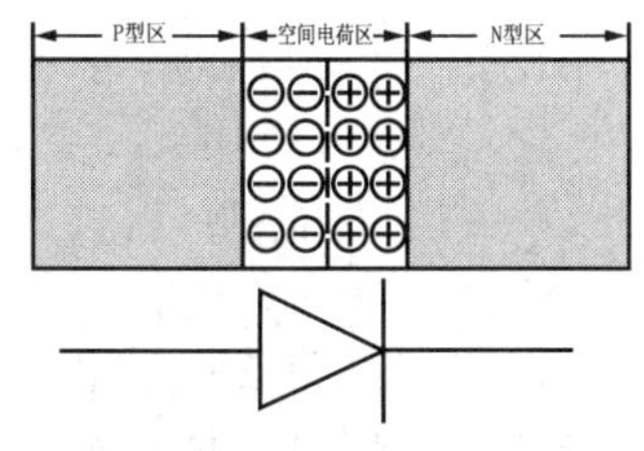

图1　半导体PN结内部结构

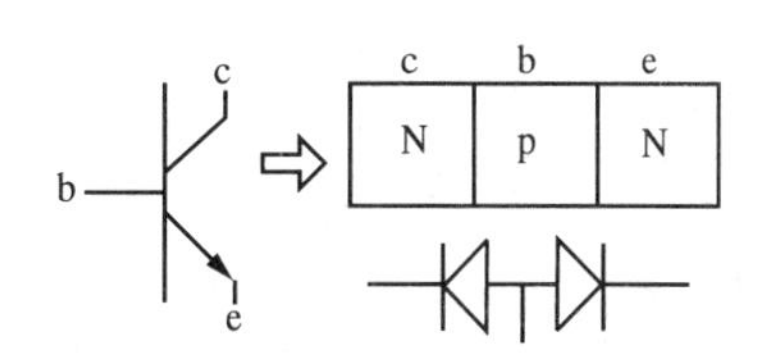

图2　晶体管NPN三极管结构

理想情况下，PN结的正向电流 I_F 和正向压降 V_F 存在如下的近似指数规律：

$$I_F=I_S\exp\left(\frac{qV_F}{kT}\right) \tag{1}$$

其中 q 为电子电荷(即 $e=1.602\times10^{-19}$ C)；k 为玻尔兹曼常数；T 为绝对温度；I_S 为反向饱和电流，它是与PN结材料的禁带宽度及温度有关的系数，可以证明：

$$I_S=CT^r\exp\left(-\frac{qV_{g(0)}}{kT}\right) \tag{2}$$

其中 C 是与结面积、掺质浓度等有关的常数，r 也是常数(取决于少数载流子迁移率对温度的关系，通常取 $r=3.4$)；$V_{g(0)}$ 为绝对零度时PN结材料的导带底和价带顶的电势差，对应的 $qV_{g(0)}$ 即为禁带宽度。

将式(2)代入式(1)，两边取对数可得：

$$V_F=V_{g(0)}-\left(\frac{k}{q}\ln\frac{C}{I_F}\right)T-\frac{kT}{q}\ln T^r=V_1+V_{n1} \tag{3}$$

式(3)即为PN结正向压降作为电流和温度函数的表达式，它是PN结温度传感器的基本方程。其中，$V_1=V_{g(0)}-\left(\frac{k}{q}\ln\frac{C}{I_F}\right)T$，$V_{n1}=-\frac{kT}{q}\ln T^r$。如果 I_F 为常数，则 V_F 只随温度变化，但是式(3)中还包含非线性顶 V_{n1}。下面分析 V_{n1} 项引起的非线性误差。

设温度由 T_1 变为 T 时，正向电压由 V_{F1} 变为 V_F，由(3)式可得

$$V_F=V_{g(0)}-(V_{g(0)}-V_{F1})\frac{T}{T_1}-\frac{kT}{q}\ln\left(\frac{T}{T_1}\right)^r \tag{4}$$

按理想的线性温度响应，V_F 应取如下形式：

$$V_{Th}=V_{F1}+\frac{\partial V_{F1}}{\partial T}(T-T_1) \tag{5}$$

式(5)中的$\frac{\partial V_{F1}}{\partial T}$等于$T_1$温度时的$\frac{\partial V_F}{\partial T}$值。

将式(3)对温度T求导可得

$$\frac{\partial V_{F1}}{\partial T}=-\frac{V_{g(0)}-V_{F1}}{T_1}-\frac{k}{q}r \tag{6}$$

所以

$$\begin{aligned}V_{Th}&=V_{F1}+\left(-\frac{V_{g(0)}-V_{F1}}{T_1}-\frac{k}{q}r\right)(T-T_1)\\&=V_{g(0)}-(V_{g(0)}-V_{F1})\frac{T}{T_1}-\frac{k}{q}(T-T_1)r\end{aligned} \tag{7}$$

由理想线性温度响应(7)式和实际响应(4)式相比较，可得实际响应对线性的理论偏差为：

$$\Delta=V_{Th}-V_F=-\frac{k}{q}(T-T_1)r+\frac{kT}{q}\ln\left(\frac{T}{T_1}\right)^r \tag{8}$$

设$T_1=300$ K，$T=310$ K，取因子$r=3.4$。由式(8)可得误差$\Delta=0.048$ mV，相应的V_F改变量约为20 mV，相比之下Δ很小。当温度变化范围增大时，V_F的温度非线性误差会增加，其增加量主要由r决定。

综上所述，在恒流小电流的条件下，PN结的V_F对T的依赖关系取决于线性项V_1，即正向压降几乎随温度升高而线性下降，这也就是PN结测温的理论依据。

二、估算PN结温度传感器的灵敏度和禁带宽度

由前所述，可得到一个测量PN结的结电压V_F与热力学温度T关系的近似关系式：

$$V_F=V_1=V_{g(0)}-\left(\frac{k}{q}\ln\frac{C}{I_F}\right)T=V_{g(0)}+ST \tag{9}$$

式(9)中，S为PN结温度传感器灵敏度(mV/℃)，T为热力学温度(K)。用实验的方法测出V_F-T变化关系曲线，其斜率$\Delta V_F/\Delta T$即为灵敏度S。

计算得到S后，根据式(9)可知

$$V_{g(0)}=V_F-ST \tag{10}$$

从而可求出$T=0$ K时的半导体材料的近似禁带宽度$E_{g0}=qV_{g(0)}$(硅材料的E_{g0}约为1.21 eV)。

必须指出，上述结论仅适用于杂质全部电离，本征激发可以忽略的温度区间(对于通常的硅二极管，温度范围约−50～120℃)。如果温度低于或高于上述范围时，由于杂质电离因子减小或本征载流子迅速增加，V_F-T关系将产生新的非线性。也就是说，V_F-T的特性还随PN结的材料而异，对于宽带材料(如GaAs，Eg为1.43 eV)的PN结，高温端的线性区较宽；材料杂质电离能较小的PN结(如In*Sb*)，低温端线性范围较宽。对于给定的PN结，即使在杂质导电和非本征激发温度范围内，其线性度亦随温度的高低而有所不同，这是非线性项V_{n1}引起的，由V_{n1}对T的二阶导数$\frac{\mathrm{d}^2V_{n1}}{\mathrm{d}T^2}=\frac{1}{T}$可知，$\frac{\mathrm{d}V_{n1}}{\mathrm{d}T}$的变化与$T$成反比，所以$V_F$-$T$的线性度在高温端优于低温端，这是PN结温度传感器的普遍规律。此外，由公式(4)可知，

减小 I_F，可以改善线性度，但并不能从根本上解决非线性问题，目前行之有效的方法大致有两种：

1. 采用对管的 PN 结获得线性函数。利用图 2 所示的三极管的两个 PN 结，将基极 b 与集电极 c 短路，与发射极 e 组成一个 PN 结，如图 3 所示。分别在不同电流 I_{F1}、I_{F2} 下工作，由此获得 PN 结正向压降之差（$V_{F1}-V_{F2}$）与温度构成线性函数，即

$$V_{F1}-V_{F2}=\frac{kT}{q}\ln\frac{I_{F1}}{I_{F2}} \tag{11}$$

本实验所用的 PN 结也是由三极管的 c、b 极短路后构成的。尽管还有一定的误差，但与单个 PN 结相比其线性度与准确度均有所提高。

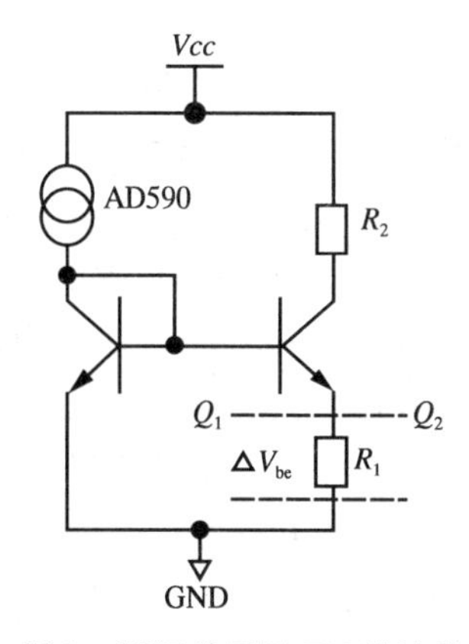

图 3　测温单元及 PN 结连接

2. 采用电流函数发生器消除非线性误差。由式(3)式可知，非线性误差来自 T^r 项，如果利用函数发生器产生 I_F 比例于绝 T^r 的电流，则 V_F-T 的线性理论误差为 $\Delta=0$，这种方法设计的温度传感器精度可达到 0.01℃。该方法由 Okira Ohte 等人提出，是一种线性度更高的处理方法（本实验未使用该技术）。

三、求波尔兹曼常数

根据式(11)可知，保持 T 不变的情况下，在不同的电流 I_{F1}、I_{F2} 下测得相应的 V_{F1}、V_{F2}，就可求得波尔兹曼常数 k。

实验过程中，为避免温控器引入温度漂移，通常在未开始加温的室温状态下开始实验数据测试。另外，为了提高波尔兹曼常数 k 的测量准确度，根据式(1)的近似指数函数，可以采用曲线回归法（最小二乘法）处理测量数据。其基本过程是以测得的 PN 结正向电流 I_F 和正向压降 V_F 为变量，先假设实验数据遵循指数函数 $I_F=A\exp(BV_F)$，利用最小二乘法求出常数 A 和 B；再根据公式 $B=q/kT$ 计算波尔兹曼常数 k。

【实验仪器】

本实验采用 ZC1606 型 PN 结温度特性研究实验仪，仪器各组成部分介绍如下：

1. 微电流源：设有 4 个量程，通过波段开关切换，分别是×1、×10、×100、×1 000，数字表显示最大为 1 999，单位为 nA，开路电压约 5 V。红色为正，黑色为负。

2. PN 结及输入电路：被测 PN 结使用三线式引出，红线为电流正端，黑为电流负端，绿

为电压正端。

3. 隔离器：在小电流测量PN结的正向电压时，容易忽略的一个问题是，这时PN结等效内阻非常大。例如：10 nA时的PN结正向压降约为350 mV，此时等效阻抗高达35 MΩ，普通电压表内阻只有10 MΩ，无法测准。解决的办法是增加一个高阻抗(1 000 MΩ以上)的隔离器(电压跟随器)，从而减小测量误差。作为对比，仪器设置了转换开关，将隔离器的通道断开，PN结的正向电压直接接入内阻约为10 MΩ的数字电压表，可将两个测量结果进行比较，分析内阻对测量的影响。

4. 数字电压表：高性能的4位半数字电压表，带有调零电位器。调零时，应在输入短路状态或较小阻抗下进行，如将PN结的红、黑两线短路，绿、蓝连线正常接入，或者用短路线将红黑两端或者绿蓝两端短接。

5. 加热电流：仪器采用恒流加热方式提高控温性能，可调电流范围0～1.2 A，最大电压约18 V，以满足不同的加热和温度稳定性。输出电流可通过开关切断和接通，以方便需要时快速切断加热电流。

6. 温度控制器：使用PID控温，继电器控制输出电流。仪器面板上的四个按键对应于温控器面板上的四个设置按钮，一般使用仪器面板上的按键即可，以提高温控器使用寿命。短按“设置”键，可进入温度调节程序，通过“移位”键和“上调”、“下调”键，可很快实现目标温度的调节。注意仪器最高允许温度为100℃。长按“设置”键，可进入温控器的参数控制菜单。

7. 加热装置：加热装置的内部是一个由电加热器加热的黄铜块，黄铜块上均匀分布有4个测量孔。实验时，PN结传感器通过四氟乙烯盖对准插入到黄铜块的其中一个孔中即可。由于PN结传感器插入黄铜块时，会不可避免地产生温度差，所以在严格实验时，应添加导热硅脂，以减小温度差。

【注意事项】

1. 半导体PN结传感器应与环境温度相同，距离前一次实验的冷却时间建议大于2小时以上。应置于不受太阳直射或其他热源辐射的环境中。

2. 先关闭加热电流开关，确保PN结在正式测试前处于未加热状态。再打开电源开关，温度控制器实验装置上将显示出室温，仪器通电预热5 min后进行实验。

3. 测量前先对4位半数字电压表调零。调零应在输入短路状态下进行，先将微电流源置于“开路”。按颜色接好PN结的引脚，红、黑两端接到仪器面板的I_F输出端，绿、蓝两端接到PN结测量电路的输入端，再用仪器配置的短路线，将PN结的红、黑两线或绿、蓝两线短路，将隔离器的开关置于“通”档，调节“调零”电位器使数字电压表显示为零。调零完成后去掉短路线即可进行后续实验。

4. 除仪器管理员外的一般使用者不要随意进入和修改仪器参数，以免发生错误设置导致温控表失常或损坏。

【实验内容与步骤】

1. 测量同一温度的正向电压随正向电流的变化关系，绘制伏安特性曲线。

为了获得较为准确的测量结果，先以室温为基准，测PN结正向伏安特性实验的数据，确保PN结传感器在实验过程中不受额外热源的影响。如果前组实验完成后未来得及完全降温，可以单独将 PN 结取出降至室温，再记录室温也可进行本项实验。

首先将实验仪电流量程置于×1 档，再调整电流调节旋钮，观察对应的 V_F 值应有变化的读数，将开关切换到×10、×100、×1 000 档，记录相应的正向电压值。改变电流值并记录电压值，注意电流的取值间隔要合适，避免电压值变化太小。每个量程建议取 10 个数据点，填入表 1。

表 1　同一温度下正向电压与正向电流的关系　　　T=＿＿＿℃

序号	1	2	3	4	5	6	7	8	9	10
$I_F/\mu A$										
V_F/V										
序号	11	12	13	14	15	16	17	18	19	20
$I_F/\mu A$										
V_F/V										
序号	21	22	23	24	25	26	27	28	29	30
$I_F/\mu A$										
V_F/V										
序号	31	32	33	34	35	36	37	38	39	40
$I_F/\mu A$										
V_F/V										

电流量程换到其他量程，测量不同电流下的不同正向压降，记录数据。

2. 在同一恒定正向电流条件下，测绘 PN 结正向压降随温度的变化曲线，确定其灵敏度，估算被测 PN 结材料的禁带宽度。注意，硅 PN 结的测量温度不要超过 80℃，锗管建议 60℃以下。

表 2　相同 I_F 的正向电压与温度的关系　　　I_F= ＿＿＿ μA

序号	1	2	3	4	5	6	7	8	9	10
t/℃										
T/K										
V_F/V										
序号	11	12	13	14	15	16	17	18	19	20
t/℃										
T/K										
V_F/V										

选择合适的正向电流 I_F，在整个实验过程中保持不变。一般选 10～50 μA 的值，以减小自身热效应。

实验可使用单个温度控制法或降温法测量。单个温度控制法需要逐次设定需要的测量温度，温度和正向电压的对应性较好，适合于升温测量，但其实验时间较长。这时也可使用降温法测量，节省测量时间。具体方法是先将 PN 结加温到 80℃，稳定一段时间后，关闭加热电流，依次记录温度下降时，不同的温度点对应的正向电压值，并且无须等待降到室温就可完成实验。由于温度下降的速度并不快，所以测量的结果也符合实验要求。

【数据处理】

1. 计算玻尔兹曼常数

对表 1 测得的数据，在×100、×1 000 档电流量程内，用两组不同的正向电流和电压数据，多次计算，用公式(11)，计算出所得的玻尔兹曼常数的平均值 $k=$_________。

2. 求被测 PN 结正向压降随温度变化的灵敏度 S(mV/K)

可以用表 2 的数据，根据公式(9)计算灵敏度 S。以 T 为横坐标，V_F 为纵坐标，作 V_F-T 曲线，其斜率就是 S。这里的 T 是绝对温度，单位为 K。

截距 $V_{g(0)}=B=$_______V($T=0$ K)。

3. 估算被测 PN 结材料的禁带宽度

(1) 由前已知，PN 结正向压降随温度变化曲线的截距 B 就是 $V_{g(0)}$ 的值，将其换算成电子伏特的量纲：$E_{g(0)}=qV_{g(0)}$ 就是禁带宽度 $E_{g(0)}$。

(2) 将实验所得的 $E_{g(0)}=qV_{g(0)}=$_______eV，与硅材料的公认值 $E_{g(0)}=1.21$ eV 比较，并求其误差。

注：需要指出的是，公式(9)是一个近似公式，而且实验使用的 PN 结是由硅材料进行掺杂等工艺制作而成的，所以实际禁带宽度并不严格等于本征硅半导体的 1.21 eV。并且，禁带宽度与温度也有一定的关系。作为近似，为检验实验结果，将 1.21 eV 作为真值，计算测量误差。

(刘翠红　陈秉岩)

实验 17　交流电桥及其应用

交流电桥与直流电桥相似，也是由四个桥臂组成，但组成桥臂的元件不单是电阻，还包括电容、电感、互感以及它们的组合。与直流电桥相比，交流电桥的桥臂特性变化繁多，应用更加广泛。它不仅可以用于测量电阻、电感、电容、磁性材料的磁导率、电容的介质损耗等，还可以利用交流电桥平衡条件与频率的相关性来测量频率。交流电桥是弱小信号检测最常用的基本电路之一，例如用于各类传感器（压力、温度、微形变、光敏等）的信号检测。

【实验目的】

掌握交流电桥的组成原理和电桥平衡的调节方法，用交流电桥测量电感和电容。

【实验原理】

在实际的电信号中，大量存在着不同频率的交流信号（或脉冲信号），因此，实际的元器件均表现为电抗特性，而非纯电阻。直流电桥（又称惠斯登电桥）改为电抗元件（电阻、电感、电容或它们的组合），就是交流电桥。在本实验中，使用交流电桥测试电感和电容参数。

一、交流电桥及平衡条件

交流电桥的原理如图1所示，电桥的四个臂 $\dot{Z}_1$、$\dot{Z}_2$、$\dot{Z}_3$、$\dot{Z}_4$ 是具有任意特性的交流阻抗，即复阻抗（可以是电阻、电容、电感或者它们的任意组合）。在 A 和 B 上加入交流电压，C 和 D 之间接平衡指示器（耳机或晶体管毫伏表等仪器）。

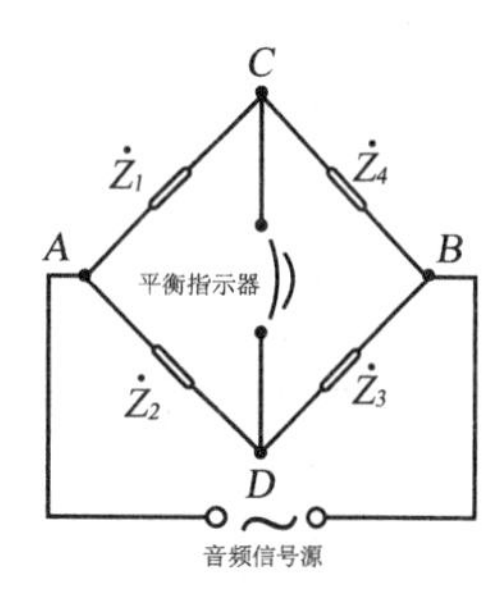

图1　交流电桥原理图

当电桥达到平衡时，C 与 D 之间电压为零，则有

$$\begin{cases} I_1\dot{Z}_1=I_2\dot{Z}_2 \\ I_1\dot{Z}_3=I_2\dot{Z}_4 \end{cases} \tag{1}$$

两式相除得：

$$\frac{\dot{Z}_1}{\dot{Z}_2}=\frac{\dot{Z}_3}{\dot{Z}_4},\dot{Z}=Ze^{j\varphi},e^{j\varphi}=\cos\varphi+j\sin\varphi \tag{2}$$

实际的复阻抗都包含实部和虚部，因此上式可表示成：

$$\frac{Z_1}{Z_2}e^{j(\varphi_1-\varphi_2)}=\frac{Z_3}{Z_4}e^{j(\varphi_3-\varphi_4)} \tag{3}$$

Z_i 和 φ_i 分别为复阻抗的模和幅角，上式的成立条件是：

$$\frac{Z_1}{Z_2}=\frac{Z_3}{Z_4} \tag{4}$$

$$\varphi_1-\varphi_2=\varphi_3-\varphi_4 \tag{5}$$

上式是交流电桥平衡的充要条件。

二、元器件的等效电路

电桥四个臂所用的元件，在交流电压作用下，往往元件自身就存在能量损耗——相当于电阻，而元件上的电压和电流的相位差不为 $\pi/2$。纯电阻在交流电压作用下，往往存在电感特性（线绕电阻尤为明显）和分布电容；电感元件也存在一定的导线电阻和分布电容，所以可把电感等效为一个理想电感 L 和一个纯电阻 r_L 的串联，如图 2 所示。

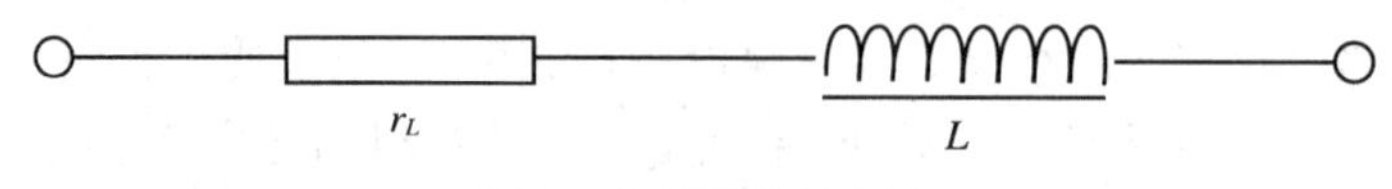

图 2　电感器等效电路

电容器中一般含有介电常数为 ε 的介质（如云母、涤纶、陶瓷等）。因而，电路中有一小部分电能在介质中损耗而变成热能，可以用等效电阻 R_C 表示这种损耗。因此，通过电容器的交流电压和电流的相位差就不再是 $\pi/2$，可用图 3 的并联电路或图 4 的串联电路来表示电容器的等效电路。由图 3 和图 4 分别得到：

$$\tan\delta=\frac{I_R}{I_C}=\frac{1}{\omega CR},\tan\delta=\frac{V_R}{V_C}=\omega CR \tag{6}$$

两式中的 ω 是所加交流电压的角频率。

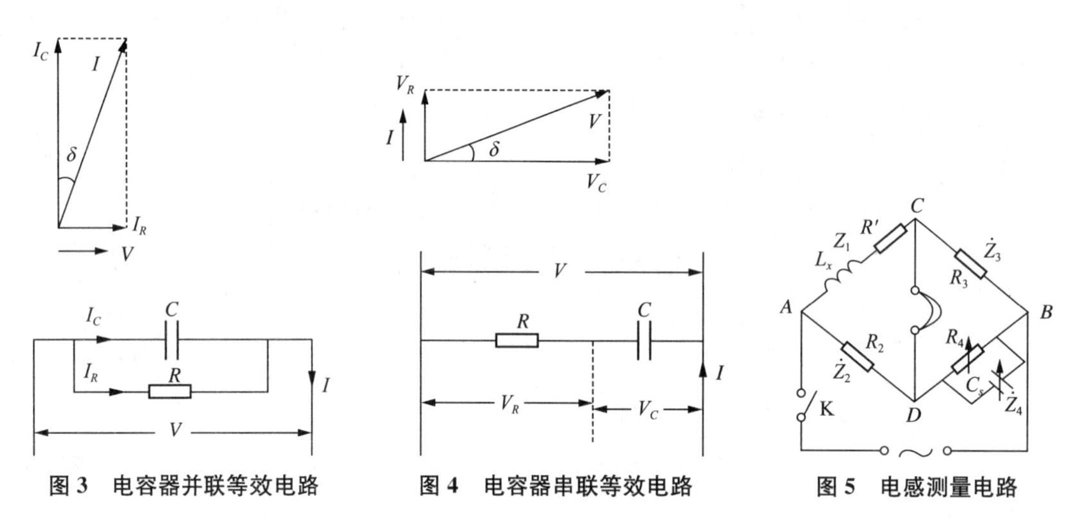

图 3　电容器并联等效电路　**图 4　电容器串联等效电路**　**图 5　电感测量电路**

三、电感的测量

利用已知电容器来测电感，可用图 5 所示麦克斯韦-维恩电桥或海氏电桥；图中 R_2、R_3、R' 为交流电阻箱，C_s 为标准电容箱，R_x 为电感的损耗电阻，L_x 为待测电感。

$$\begin{cases}\dot{Z}_1=R'+R_x+j\omega L_x=R+j\omega L_x\\ \dot{Z}_2=R_2\\ \dot{Z}_3=R_3\\ \dot{Z}_4=R_4/(1+j\omega C_S R_4)\end{cases} \tag{7}$$

由此可得：

$$R_4(R+j\omega L_x)=R_2R_3(1+j\omega C_S R_4) \tag{8}$$

由实部和虚部分别相等，则有：

$$L_x=R_2R_3C_S \tag{9}$$

$$R=R'+R_x=R_2R_3/R_4 \tag{10}$$

由式(10)求出 R 后即可求出电感的损耗电阻 R_x：

$$R_x=R-R' \tag{11}$$

对一定的电感量，损耗电阻越小，则该电感器在电路中储存的能量比起它所损耗的能量就越大，故 R_x 的大小直接影响着电感器质量。电感器的品质因素 Q 可用来表示这种特性：

$$Q=\frac{\omega L_x}{R_x} \tag{12}$$

式中 ωL_x 为电感器的感抗。

四、电容器的电容量的测量

最简单的测电容器电容的电桥电路如图6所示。

由此可得：

$$\begin{cases}\dot{Z}_1=R_1\\ \dot{Z}_2=R_2\\ \dot{Z}_3=R_x+\dfrac{1}{j\omega C_x}\\ \dot{Z}_4=R_4+\dfrac{1}{j\omega C_S}\end{cases} \tag{13}$$

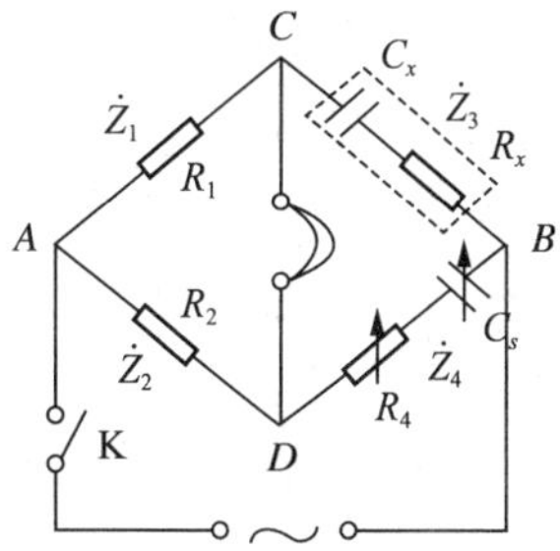

图6　测电容的电桥电路

并可得出：

$$R_1\left(R_4+\frac{1}{j\omega C_S}\right)=R_2\left(R_x+\frac{1}{j\omega C_x}\right) \tag{14}$$

电桥平衡时：

$$C_x=\frac{R_2}{R_1}C_S,R_x=\frac{R_1}{R_2}R_4 \tag{15}$$

在选定$\dfrac{R_1}{R_2}$的值后，可分别调节 C_S 和 R_S，使之平衡。

【实验仪器】

实验用到的实验仪器有信号发生器、开关、电阻箱、待测电感、待测电容、电容箱、扬声器、连接线等。

信号发生器：本实验中信号发生器充当交流电源，为电路提供一定频率和大小的交流电压。双击实验桌上信号发生器小图标弹出信号发生器的调节窗体，在信号发生器调节窗口上可以对信号发生器进行调节、操作。操作窗体，如图7所示。

主要功能介绍：

1. 显示窗口：显示输出信号的频率和电压幅度；2. 波形选择：可输出波形三角、正弦和矩形波；3. TTL信号输出端：输出标准的TTL幅度的信号，输出阻抗为600 Ω；4. 函数信号输出端：幅度 $20V_{pp}$（1 MΩ 负载），$10V_{pp}$（50 Ω 负载）；5. 信号输出幅度调节旋钮（AMPL）：调节范围 20 dB。使用方法：右键按下进行顺时针连续旋转，信号幅度增大，左键按下进行逆时针连续旋转，信号幅度减小；6. 输出幅度衰减开关（ATT）：可选择 0 dB、20 dB 或40 dB衰减；7. 频率范围选择按钮：调节此旋钮可改变输出频率的 1 个频程，共有 7 个频程。鼠标左键点击进行波形间切换；8. 信号源电源开关：此按键揿下时，机内电源接通，整机工作；此键释放为关掉整机电源。

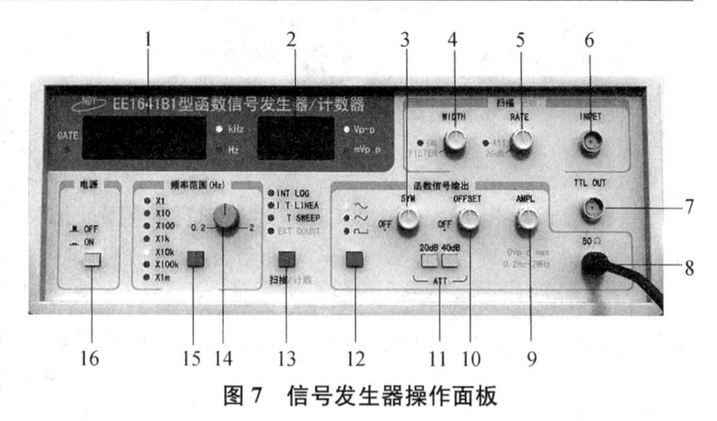

图 7　信号发生器操作面板

其他器件如图 8 所示，主要包括：① 电源开关：控制电路的闭合。界面中有两个开关状态按钮。点击闭合按钮，开关闭合；点击断开按钮，开关断开。② 电阻箱：电阻箱上的旋钮可以为电路提供特定的电阻。电阻箱上有六个档位，用鼠标左(右)键点击旋钮调节。③ 待测电感：具有一定大小的电感和损耗电阻的电学仪器，在实验中是一个被测量的对象，无调节界面。④ 待测电容：具有一定大小的电容和损耗电阻的电学仪器，在实验中是一个被测量的对象，无调节界面。⑤ 电容箱：调节电容箱上的旋钮可以产生固定大小的电容，四个旋钮对应着四个档位，使用鼠标左右键调节容量。⑥ 扬声器：用来判断交流电桥是否平衡的电学仪器，扬声器的音量柱高低代表流过的信号强弱。

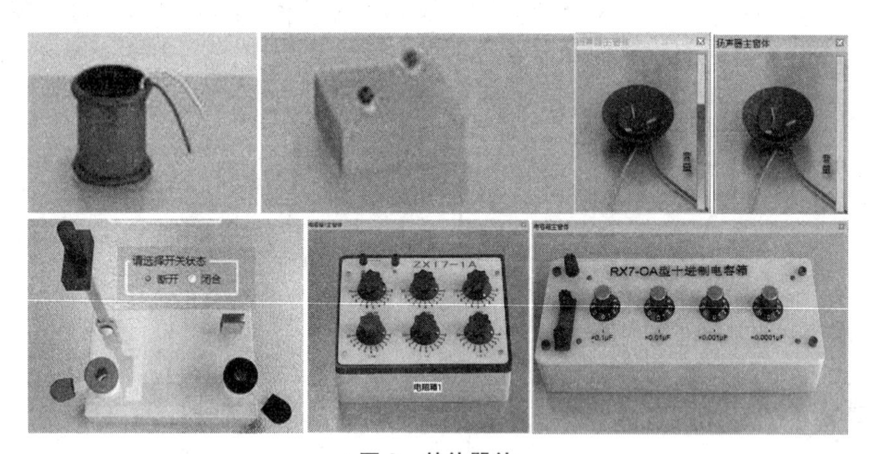

图 8　其他器件

【实验内容与步骤】

1. 利用交流电桥测电感

(1) 根据交流电桥电路图，按图 5 连线。

(2) 选择合适的三组 R_2及 R_3，调节电桥平衡，记录有关数据，求出各组的电感值 $L_{x'}$、电感的损耗电阻 $R_{x'}$。最后，计算出平均值 L_x、R_x和电感的品质因数 Q。

(3) 测量、记录相关数据，并计算出实验结果。

2. 利用交流电桥测电容

(1) 根据交流电桥电路图,按图6连线。

(2) 选择合适的三组 R_1 及 R_2,调节电桥平衡,记录有关数据,求出各组的电容值 $C_{x'}$、电容的损耗电阻 $R_{x'}$。最后,计算出平均值 C_x 和 R_x。

(3) 测量、记录相关数据,并计算出实验结果。

【数据记录与处理】

1. 利用交流电桥测电感

选择合适的三组 R_2 及 R_3,调节电桥平衡,记录有关数据,求出各组的电感值 $L_{x'}$、电感的损耗电阻 $R_{x'}$。

交流信号源频率(Hz)=______ $R_1(\Omega)$=______ $R_4(\Omega)$=______ $C_s(\mu F)$=______

序号	1	2	3
$R_2(\Omega)$			
$R_3(\Omega)$			
$L_{x'}(H)$			
$R_{x'}(\Omega)$			

电感值 $L_x(H)$=______　损耗电阻 $R_x(\Omega)$=______　电感的品质因数 Q=______

2. 利用交流电桥测电容

选择合适的三组 R_2 及 R_3,调节电桥平衡,记录有关数据,求出各组的电容值 $C_{x'}$、电容的损耗电阻 $R_{x'}$。

交流信号源频率(Hz)=______ $R_3(\Omega)$=______ $R_4(\Omega)$=______ $C_s(\mu F)$=______

序号	1	2	3
$R_1(\Omega)$			
$R_2(\Omega)$			
$C_{x'}(\mu F)$			
$R_{x'}(\Omega)$			

电容值 $C_x(\mu F)$=________　损耗电阻 $R_x(\Omega)$=________

【问题与讨论】

1. 本实验所用的平衡指示器是否足够的灵敏?如果选用灵敏度比它高或比它低的平衡指示器,后果如何?

2. Q 值的物理意义是什么?

(苏　巍　陈秉岩)

实验 18　磁性材料动态磁滞回线的测量

磁性材料被广泛应用到军事、工业和民用领域(例如,电机系统、电力变压器、各类电源、通信设备等)。因此,了解磁性材料的特性及其测量方法,在实际工程应用中具有重要的意义。磁性材料可以分为硬磁和软磁两类。其中,硬磁材料的磁滞回线宽,剩磁和矫顽磁力较大(120～20 000 A/m,甚至更高),磁化后能保持磁感应强度,适宜制作永久磁铁;软磁材料的磁滞回线窄,矫顽磁力小(一般小于 120 A/m),但它的磁导率和饱和磁感应强度大,容易磁化和去磁,故常用于制造电机、变压器和电磁铁。

磁化曲线和磁滞回线是磁性材料的重要特性。通常使用交流电对磁性材料样品进行磁化,测得的 $B-H$ 曲线称为动态磁滞回线。测量磁性材料动态磁滞回线方法很多,用示波器法测动态磁滞回线具有直观、方便、快速等优点,在实验中被广泛采用。

【实验目的】

1. 掌握铁磁材料动态磁滞回线的概念及其测量原理和方法。
2. 在理论和实际应用上深入认识和理解磁性材料的重要特性。

【实验原理】

一、铁磁材料的磁滞性质

铁磁材料除了具有高的磁导率外,另一重要的特点就是磁滞。当材料磁化时,磁感应强度 B 不仅与磁场强度 H 有关,还取决于磁化的历史,如图 1 所示。曲线 OA 表示铁磁材料从没有磁性开始磁化,磁感应强度 B 随 H 的增加而增加,称为磁化曲线。当 H 增加到某一值 H_s 时,B 不再增加($B=B_{max}$),此时磁性材料磁化达到饱和。材料磁化后,如使 H 减小,B 将不沿原路返回,而是沿另一条曲线 ACA' 下降。当 H 从 $-H_s$ 增加时,B 将沿 $A'C'A$ 曲线到达 A,形成一个闭合曲线称为磁滞回线,其中 $H=0$ 时,$|B|=B_r$(剩余磁感应强度)。要使磁感应强度 $B=0$,须加一反向磁场 $-H_c$(H_c 称为矫顽力)。各种铁磁材料有不同的磁滞回线,主要区别在于矫顽力的大小,矫顽力大的称为硬磁材料,矫顽力小的称为软磁材料。

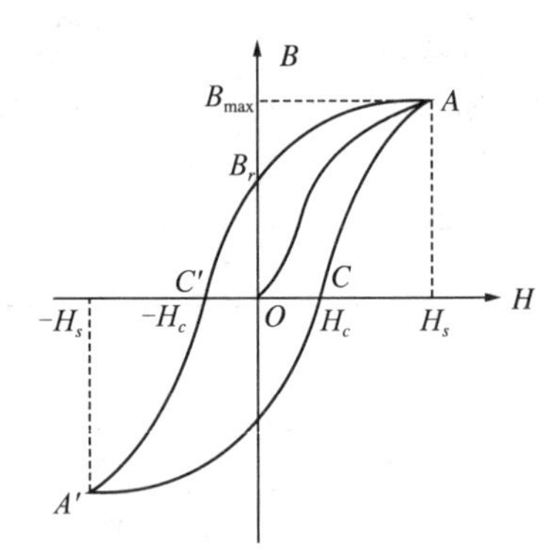

图 1　磁性材料 B—H 磁滞回线

由于铁磁材料的磁滞特性,为了使样品的磁特性能重复出现,也就是指所测得的基本磁化曲线都是由原始状态($H=0$, $B=0$)开始,在测量前必须进行退磁,以消除样品中的剩余磁性(B_r)。

二、示波器测量磁滞回线的原理

图 2 所示为示波器测动态磁滞回线的原理电路。实验时,将示波器设置成 XY 模式(所

有模拟和数字示波器都有该功能）。将样品制成闭合的环形，然后均匀地绕以磁化线圈 N_1 及次级线圈 N_2，即所谓的螺绕环。交流电压 u 加在磁化线圈上，R_1 为电流取样电阻，其两端的电压 u_1 加到示波器的 x 轴输入端上（x 通道）。次级线圈 N_2 与电阻 R_2 和电容串联成一回路，电容 C 两端的电压 u 加到示波器的 y 轴输入端上（y 通道）。

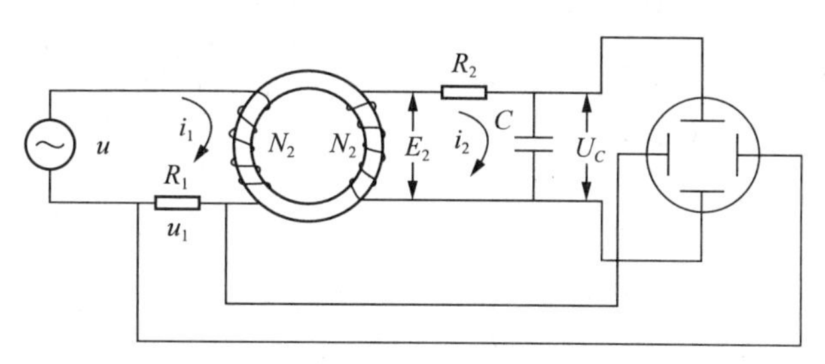

图 2　用示波器测动态磁滞回线的原理

1. u_x（x 通道）与磁场强度 H 的关系

如果磁芯材料样品的有效磁路长度为 l，磁化线圈的匝数为 N_1，磁化电流为 i_1（瞬时值），根据安培环路定理，有 $Hl=N_1 i_1$，而 $u_1=R_1 i_1$，所以

$$u_1=\frac{R_1 l}{N_1}H \tag{1}$$

由于式(1)中的 R_1、l 和 N_1 皆为常数，示波器的水平偏转电压（u_1）与样品中的磁场强度（H）成正比。

2. u_C（y 通道）与磁感应强度 B 的关系

设样品的磁路横截面积为 S，根据电磁感应定律，在匝数为 N_2 的次级线圈中，感应电动势应为

$$E_2=-N_2 S\frac{\mathrm{d}B}{\mathrm{d}t} \tag{2}$$

此外，在次级线圈回路中的电流为 i_2 且电容 C 上的电量为 q 时，又有

$$E_2=R_2 i_2+\frac{q}{C} \tag{3}$$

考虑到次级线圈匝数 N_2 较小，因而自感电动势未加以考虑。同时，R_2 与 C 都做成足够大，使电容 C 上电压（$u_c=q/C$）比电阻电压 $R_2 i_2$ 小到可以忽略不计。于是式(3)近似为

$$E_2=R_2 i_2 \tag{4}$$

根据电路中的电流连续性，将关系式 $i_2=\frac{\mathrm{d}q}{\mathrm{d}t}=C\frac{\mathrm{d}u_c}{\mathrm{d}t}$ 代入式(4)，得

$$E_2=R_2 C\frac{\mathrm{d}u_c}{\mathrm{d}t} \tag{5}$$

将式(5)与式(2)比较，不考虑其负号（在交流电中负号相当于相位差 $\pm\pi$）时，得到

$$N_2 S\frac{\mathrm{d}B}{\mathrm{d}t}=R_2 C\frac{\mathrm{d}u_c}{\mathrm{d}t} \tag{6}$$

将式(6)两边对时间积分，由于 B 和 u_c 都是交变的，故积分常数为 0。整理后得

$$u_c=\frac{N_2 S}{R_2 C}B \tag{7}$$

由于 N_2、S、R_2和 C 皆为常数，因此式(7)表明了示波器的竖直偏转电压(u_c)与磁感强度(B)成正比。

由此可见，在磁化电流变化的一周期内，示波器的光点将描绘出一条完整的磁滞回线，并在以后每个周期都重复此过程，这样在示波器的屏幕上将看到一个稳定的磁滞回线。

3. 测量标定

我们不仅要求能用示波器显示出待测材料的动态磁滞回线，而且能定量观察和分析磁滞回线。因此，在实验中还需确定示波器屏幕上 x 轴(即磁场强度 H)和 y 轴(磁感应强度 B)的每一小格实际代表多少数值，这就是测量标定问题。

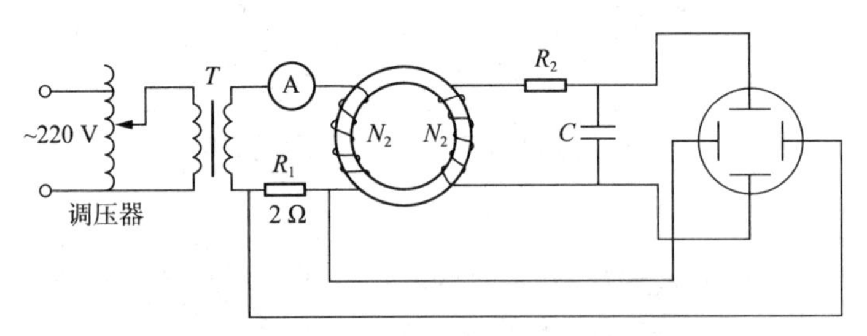

图 3　测动态磁滞回线的实际测试电路

(1) x 轴(磁场强度 H)标定

x 轴标定操作的目的是标定磁场强度 H，即确定示波器屏幕上 x 轴(即磁场强度 H)的每一小格实际代表多少磁场强度。由式(1)可见，若设法测出光点沿 x 轴偏转的大小与电压 u_1的关系，就可确定 H。具体标定 H 的线路如图 4 所示。其中交流电表 A 用于测量 v_0(请注意 A 的指示是 i_0的有效值 I_0)。调整 I_0使屏幕上水平线长度为 M_x格，对应于 u_1且为峰峰值，即 $2\sqrt{2}R_1I_0$。此时，每一小格所代表的 u_1值为 $2\sqrt{2}R_1I_0/M_x$。进一步由公式(1)就可知屏幕上每一小格所代表的磁场强度 H 是

$$H_0=\frac{2\sqrt{2}N_1I_0}{lM_x} \tag{8}$$

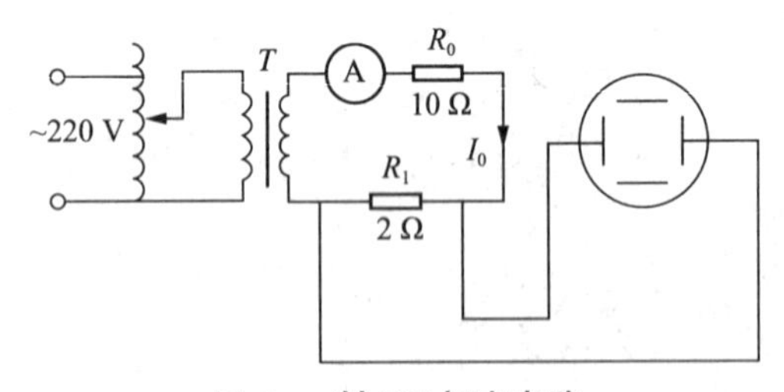

图 4　x 轴(H)标定电路

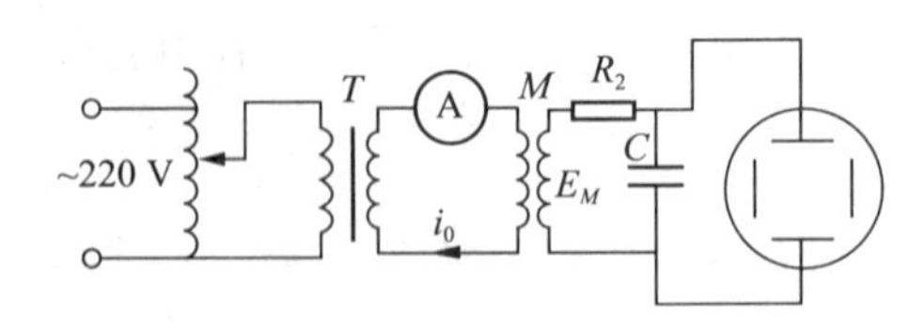

图 5　y 轴(B)标定电路

值得注意的是，标定线路中应将被测样品去掉，而代之以一个纯电阻 R_0。这主要是因为被测样品是铁磁材料，它的 B 和 H 的关系是非线性的，从而使电路中的电流产生非正弦形畸变。R_0起限流作用，标定操作中应使 I_0不超过 R_0允许的电流。

(2) y 轴(磁感应强度 B)标定

y 轴标定操作的目的是标定 B，具体而言就是确定 y 轴(磁感应强度 B 轴)的每一小格实际代表多少磁感应强度。具体标定 B 的线路如图 5 所示。图中 M 是一个标准互感器。

流经互感器原边的瞬时电流为 i_0，则互感器副边中的感应电动势 E_0 为

$$E_0 = -M\frac{\mathrm{d}i_0}{\mathrm{d}t} \tag{9}$$

类似于公式(5)，又可得

$$M\frac{\mathrm{d}i_0}{\mathrm{d}t} = R_2C\frac{\mathrm{d}u_c}{\mathrm{d}t} \tag{10}$$

对上式两边积分，可得

$$u_c = \frac{Mi_0}{R_2C} \tag{11}$$

由于图 5 中的电流表 A 测出的是 i_0 的有效值 I_0，所以对应于 u_c 的有效值 U_c，有

$$U_c = \frac{MI_0}{R_2C} \tag{12}$$

而相应的峰峰值为 $2\sqrt{2}MI_0/R_2C$。

如果 u_c 峰峰值对应的垂直线总长为 M_y，磁性材料的磁路横截面积为 S，则根据式(7)可得，y 轴每一小格所代表的磁感应强度为

$$B_0 = \frac{2\sqrt{2}MI_0}{N_2SM_y} \tag{13}$$

应注意实验中，不要使 I_0 超过互感器所允许的额定电流值。

【实验仪器】

1. 可调隔离变压器：型号 GY－4，输入电压 AC220 V，输出电压 AC 0～100 V，频率 50 Hz。

2. 示波器：双通道或四通道模拟/数字示波器，工作模式调整为 XY 方式。

3. 螺绕环：待测磁性材料样品，初级(主)线圈 $N_1=600$ 匝、次级(副)线圈 $N_2=75$ 匝，平均磁路长度 $l=47.123$ cm、截面积 $S=1.327\ 3\ \text{cm}^2$，磁芯的磁性性质随机产生。

4. 交流电流表：有 0.5 A、1 A、5 A 三个量程，实验中选择合适的量程。

5. 标准电阻和电容：电阻 $R_0=500\ \Omega$，$R_1=2\ \Omega$，$R_2=11\ \text{k}\Omega$；电容 $C=1\ \mu\text{F}$。

6. 标准互感器：用来标定磁感应强度 B，互感系数 $M=(10\pm0.1)\text{mH}$，最大额定电流为0.3 A。

【实验内容与步骤】

1. 仪器的调节

(1) 按图 3 所示线路接线，调节示波器，使光点调至屏幕正中心。示波器的 x 轴增益置"50 mV"档，y 轴增益置"0.1 V" 档，可适当调整 x、y 的增幅，使屏幕上得到大小适中的磁滞回线。调节可调隔离变压器，从零开始逐步增大磁化电流，使磁滞回线上的 B 值能达到饱和。

(2) 样品的退磁：缓慢调节调压器的输出电压，使励磁电流从最大值每次减小 20 mA 左右，直至调为零，重新增大励磁电流使样品达到磁滞饱和，若磁滞回线闭合则样品被完全退磁，否则重复退磁操作，直至退磁完成。

(3) 退磁完成后，重新调节可调隔离变压器电压为 80 V，使屏幕上得到大小适中的磁滞

回线，并记录饱和磁化电流 I 的大小。

2. 测量动态磁滞回线以及基本磁化曲线

(1) 将电源电压从 0 V 逐渐调节到 100 V，以每小格为单位测若干组 B、H 的坐标值。并记录电压为 80 V 时饱和磁滞回线的顶点(A)、剩磁(B_r)、矫顽力(H_c)三个点的读数。

(2) 测量基本磁化曲线，将电源电压从 0 V 逐渐调节到 100.0 V，每隔 10 V 记录下当前电流值以及磁滞回线的顶点坐标值，并将各个磁滞回线的顶点进行连接即可得到基本磁化曲线。

(3) 标定 H，按图 4 接线，依次增大电流值为 0.02 A、0.04 A、0.06 A、0.08A、0.10 A、0.12 A，并记录不同电流的示波器对应格数，根据公式(8)计算示波器单格代表的磁场强度 H_0。

(4) 标定 B，按图 5 接线，依次增大电流值为 0.05 A、0.10 A、0.15 A、0.20 A、0.25 A、0.30 A，记录不同电流的示波器对应的格数，根据公式(13)计算示波器单格表示的磁感应强度 B_0。

3. 记录实验数据

将标定的结果代入测量基本磁化曲线数据表格，求出对应不同电压时的 H_m、B_m以及相对磁导率 μ_a，以 μ_a-H_m曲线确定初始磁导率 μ_{a0}和最大磁导率 μ_{am}。

【数据记录与处理】

1. 饱和磁滞回线

测量的物理量	H_m	B_m	H_c	B_r	$-H_c$	$-B_r$	$-H_m$	$-B_m$
示波器屏幕格数								

2. 基本磁化曲线

电压(V)	10	20	30	40	50	60	70	80	90	100
U_x(小格)										
U_y(小格)										
H_m(A/m)										
B_m(T)										
μ_a										

初始磁导率 μ_{a0}= ________ (H/m)；最大磁导率 μ_{am}= ________ (H/m)。

3. 标定磁场强度 H

电流(A)	0.02	0.04	0.06	0.08	0.10	0.12
M_x(小格)						
屏幕单格代表的 H_0(A/m)						

示波器屏幕水平方向 50 mV 对应的 $H_0=$________（A/m）。

4. 标定磁感应强度 B

电流(A)	0.05	0.10	0.15	0.20	0.25	0.30
M_y(小格)						
屏幕单格代表的 B_0(T)						

示波器屏幕垂直方向 0.1 V 对应的 $B_0=$________(T)。

【问题与讨论】

1. R_1 的值为什么不能取太大?
2. 电压 u_c 对应的是 H 还是 B? 请说明理由。
3. 测量回线要使材料达到磁饱和,退磁也应从磁饱和开始,意义何在?

（陈秉岩）

第4章　自主设计实验

实验19　磁电式电表的改装和校准

电表是用来测量电流或电压的仪器设备。磁电式仪表由于具有观察方便、无需供电、读数方便、受电磁场影响小等优点，而被广泛应用于电力、工业、农业、教育等多个领域。为了满足多种实际应用需求，经常需要对现有的磁电式电表（表头）进行改装和校准。理工科大学生掌握磁电式电表的改装、原理和方法，是最基本的能力和素质要求。相关的原理和方法，也将为学生掌握各类数字式仪表的设计奠定扎实的基础。

【实验目的】

1. 掌握测量表头内阻的方法。
2. 学会电流表和电压表的扩量程参数计算和实验改装校正。
3. 熟练基本电学仪器的调节和使用方法，学习和掌握校正曲线的作图方法。

【实验原理】

未经改装的磁电式电表（电流计）的量程（也称“满度电流/电压”）很小，只允许通过微安级或毫安级的电流，只适合测试较小的电流或电压。如果要想测量较大的电流或电压，就必须对小量程的电表进行改装和校准。其改装过程通常为：首先测定表头内阻；再根据实际量程需求，通过并联电阻扩大电流表量程，或串联电阻扩大电压表量程；最后进行校准和标定。

一、电流计内阻的测定

电流计允许通过的最大电流称为电流计的量程，用 I_g 表示。电流计的线圈有一定内阻，用 R_g 表示，I_g 与 R_g 是两个表示电流计特性的重要参数。测量内阻常用方法有：

1. 万用表法

使用万用表测量电阻是最直接最简单的方法，但测量误差较大，只适用于初步确定电阻大小，对于要求精确测量的场合一般不使用万用表。

2. 半电流法也称中值法

测量原理如图1所示。当被测电流计接在电路中时，使电流计满偏，再用十进制电阻箱与电流计并联作为分流电阻改变电阻值即改变分流程度，当电流计指针指示到中间值，且总电流强度仍保持不变，显然这时分流电阻值就等于电流计的内阻。

3. 替代法

测量原理如图2所示，当被测电流计接在电路中时，用十进制电阻箱替代它，且改变电阻值，当电路中的电压不变，且电路中的电流亦保持不变时，则电阻箱的电阻值即为被测电流计内阻。替代法是一种运用很广的测量方法，具有较高的测量准确度。

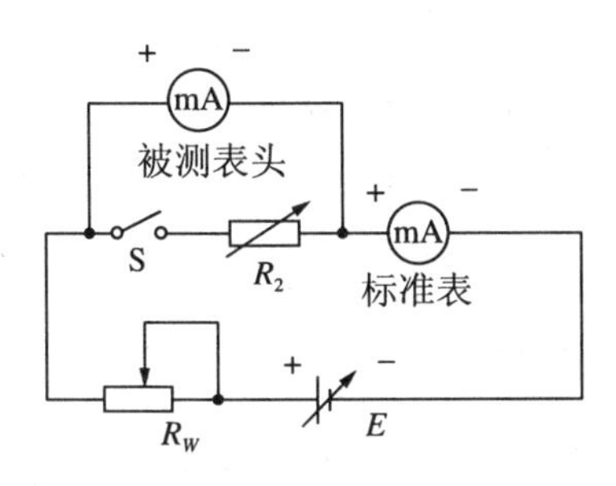

图1　半电流法原理图

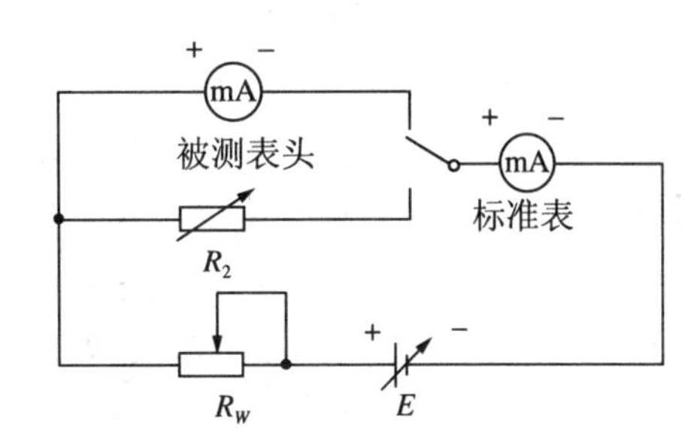

图2　替代法原理图

二、改装成较大量程的电流表

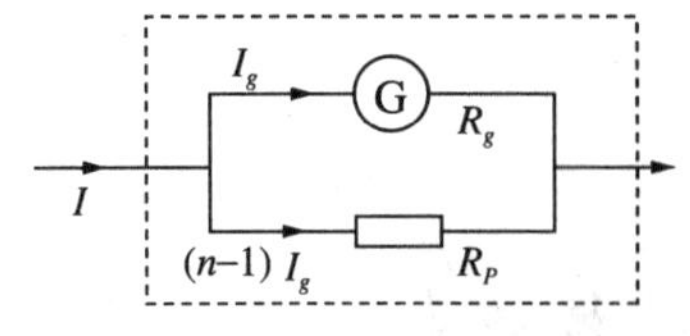

图3　分流电阻连接图

用电流表测量电流时，应将电流表串联于待测电路中，使待测电流流过电流表。当电流表两端并联一个电阻后，流入的电流只有一部分经过表头，另一部分经过并联电阻 R_P，如图3所示，并联电阻 R_P 起到了分流作用，称为分流电阻。由表头和 R_P 组成了整体可量度较大的电流。若要将量程为 I_g、内阻为 R_g 的电流表的量程扩大 n 倍，改为量程为 I 的电流表，则流过分流电阻 R_P 的电流为

$$I_P=I-I_g=nI_g-I_g=(n-1)I_g \tag{1}$$

据欧姆定律：

$$R_g\cdot I_g=R_P(n-1)I_g \tag{2}$$

则分流电阻为：

$$R_P=\frac{R_g}{n-1} \tag{3}$$

三、改装成较大量程的电压表

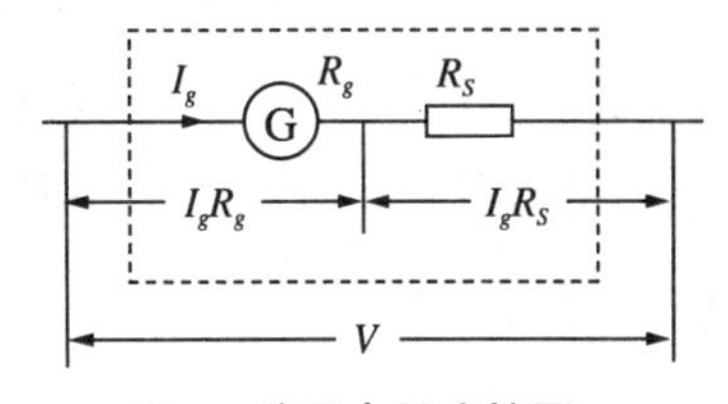

图4　分压电阻连接图

在测量电压时，应将电压表并联在待测电路的两端。用量程为 I_g、内阻为 R_g 的表头测量电压，它的电压量程为 $V_g=I_gR_g$，但通常 R_g 数值不大，故其电压量程很小，一般为零点几伏。为了测量较高的电压，可在表头上串联一适当电阻 R_S，如图4所示，使一部分电压降落在表头上，超过表头电压量程的那部分电压降落在电阻 R_S 上，表头和串联电阻 R_S 所组成的整体可测量较大的电压。串联电阻 R_S 起分压作用，R_S 称为分压电阻。如果要将原电流量程为 I_g、内阻为 R_g 的表头改装为量程为 V 的电压表，则根据欧姆定律，电压为

$$V=I_g(R_g+R_S) \tag{4}$$

则分压电阻为

$$R_S=\frac{V}{I_g}-R_g \tag{5}$$

一个表头可改装成多个量程的电流表或电压表，只需多装几个接头，在每个接头处分别

并联或串联适当的电阻就行。使用多量程电表时，应注意每个接头处所标量程的数值，如果超过量程，就可能烧坏电表。

四、电表的基本误差和校准

电表经过改装或经过长期使用后，必须进行校准。其方法是将待校准的电表和一个准确度等级较高的标准表同时测量一定的电流或电压，分别读出被校准表各个刻度的值 I_{xi} 和标准表所对应的值 I_{Si}，得到各刻度的修正值 $\delta I_{xi}=I_{Si}-I_{xi}$，以 I_x 为横坐标、δI_x 为纵坐标画出电表的校正曲线，两个校准点之间用直线连接，整个图形是折线状，如图 5 所示。以后使用这个电表时，根据校准曲线可以修正电表的读数，得到较准确的结果。由校准曲线找出最大误差 δI_m。

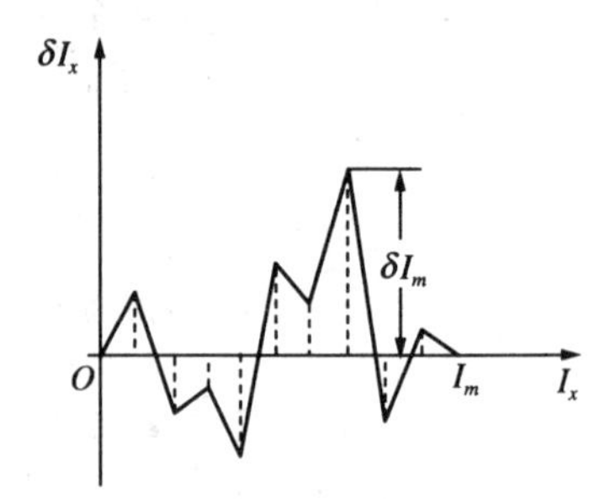

图 5　电表校正曲线

由此可知

$$K\%=\frac{\text{最大绝对误差}}{\text{量程}}\times 100\% \tag{6}$$

由此式可计算出待校准电表的准确度等级 K。

【实验仪器】

ZC1508 或 DH4508 型电表改装与校准实验仪、万用表、导线等。

ZC1508 或 DH4508 型电表改装与校准实验仪集成了小量程磁电式表头、电阻箱、伏特表、安培表、电键、电源、滑动变阻器等，实验过程中直接调节所需元件参数，并使用导线连接各器件即可。

【实验内容与步骤】

1. 利用替代法和半值法，设计方案测量电表的内阻。
2. 设计方案将量程为 1 mA 的表头扩程为 5 mA 的电流表，并校准。
3. 设计方案将量程为 1 mA 的表头扩程为 1 V 的电压表，并校准。
4. 设计表格，采集实验数据，并用铅笔在坐标纸上分别作出改装电流表和改装电压表的校正曲线图，并分别计算出相应的电表准确度等级 K 值。

【注意事项】

实验前需检查各个电表的零点；连通电路前务必检查电路的连接是否正确，防止短路造成过大电流烧毁仪表设备。

【问题与讨论】

1. 改装后的电表为何要进行校准？怎样校准？
2. 校准电流表时，如果发现改装表的读数相对于标准表的读数都偏高，为了达到标准表的数值，请分析如何调整分流电阻的阻值？
3. 校准电压表量程时，如果发现被校准表的数值与标准表相比偏高，为了达到标准表的数值，请分析如何调整分压电阻的阻值？

（刘晓红　陈秉岩）

实验 20　数字万用表的原理和设计

万用表是一种理工科类学习、科研和工作中经常要使用的电子和电气测量设备。理工科学生掌握万用表的基本原理并能熟练使用是最基本的要求。数字万用表与指针式万用表除了表头结构不一样外，其他的电压表、电流表和电阻测量电路基本相同。数字万用表采用模数转换器(ADC)作为测量部件，与指针式万用表相比具有以下特性。

一、数字万用表具有的优良特性

1. 测量功能完备。数字万用表除了具有与模拟式万用表一样的电阻、交直流电压、交直流电流测量功能之外，还具有测量电容容量、电感感量、温度、二极管参数、三极管参数和信号频率等功能。较高档的数字万用表还具有信号波形显示和存储功能等。

2. 高精确度和高分辨率。三位半数字电压表头的精确度优于 0.5%，四位半的表头精确度优于 0.01%，指针式万用表所使用的磁电式表头精确度低于 2.5%。

分辨率即表头最低位上一个数字所代表的被测数值，它代表了仪表的灵敏度。通常三位半数字万用表的分辨率可以达到 0.1 mV(或 0.1 μA、0.1 Ω)，远高于指针式万用表。

3. 输入阻抗高。三位半表头的输入阻抗一般为 10 MΩ，四位半表头的输入阻抗大于 100 MΩ，而指针式万用表的输入典型值为 1 kΩ～10 kΩ。

4. 测量速度快。数字万用表测量速度取决于 ADC 的转换速度，三位半和四位半数字万用表的测量速率为 2～4 次/秒，高的可达到每秒上千次。

5. 自动识别极性。指针式万用表采用单向偏转表头，被测极性反向时会反打，极易损坏，而数字万用表能自动识别被测信号的极性，使用非常方便。

6. 全部测量结果实现数字直读。指针式万用表采用刻度表盘，不便于直读，易出错。特别是电阻挡的刻度，既是反向读数(由大到小)又是非线性刻度，还要考虑挡的倍乘。而数字万用表则没有这些问题，换挡时小数点自动显示，所有被测信号都可以直接读数。

7. 自动校零。由于采用了自动调零电路，数字万用表校准后使用时无需调校，比指针万用表使用方便。

8. 抗过载能力强。数字万用表有比较完善的保护电路，具有很强的抗过压、过流的能力。

二、数字万用表具有的弱点

1. 普通数字万用表不具备指针表所具有的可观察到指针的偏转过程，在观察充放电过程时不够方便。不过，中高档数字万用表已经具有了与模拟表一样的偏转指示功能。

2. 数字万用表的量程转换开关通常与电路板是一体的，触点电流电压容量小，机械强度不够高，寿命较短，使用时间稍微长后容易出现换挡不灵等问题。

3. 通常“V/Ω”挡共用一个表笔插孔，“A”挡单独用一个插孔。使用时应注意调换插孔，否则可能造成仪表损坏。

【实验目的】

1. 掌握数字万用表的工作原理及其特性，了解信号的 AD 转换及采集技术。
2. 掌握实用分压电路、分流电路的工作原理、设计和参数计算过程。
3. 掌握数字表头的校准、多量程直流数字电压表的设计。

【实验原理】

一、数字万用表的基本组成

数字万用表的组成较为复杂，其内部基本功能框图如图 1 所示。信号的模拟-数字转换器(Analog-to-Digital Converter：ADC)和译码显示电路是数字测量仪表的核心。

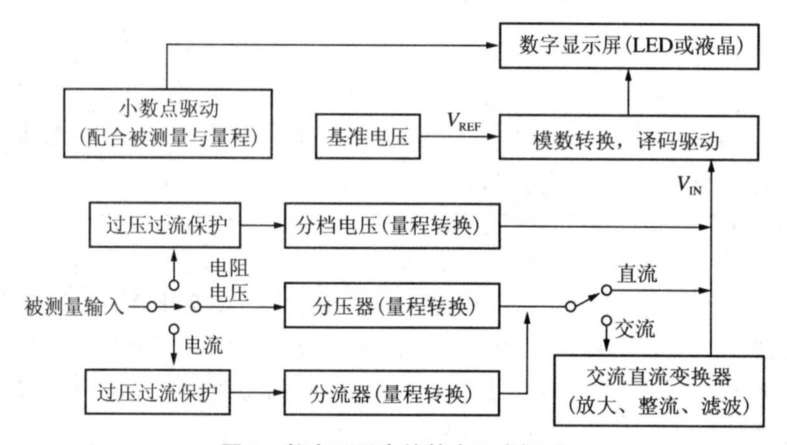

图 1　数字万用表的基本组成框图

除了图 1 所示的基本组成之外，数字万用表通常还有声音报警器电路、二极管检测电路、三极管 h_{FE} 测量电路、电容测量电路、温度测量电路、工作电源电压监测与提示电路、自动延时关机电路等。中高档数字万用表还具有电感测量功能、频率测量功能、信号波形显示与存储功能、计算机通信功能等。本实验只研究数字万用表的基本组成部分。

二、ADC 与数字显示电路

1. *ADC* 及数字信号采集的基本概念

常见的物理量都是大小随时间连续变化的模拟量(模拟信号)。指针式仪表可以直接对模拟电压、电流进行检测。而要对模拟信号进行数字转换时，需要把模拟电信号(如电压信号等)通过特定的技术(如 ADC 技术)转换成随时间离散变化的一系列用二进制数表示的信号，再通过处理(如 CPU 的采集、处理、存储、显示、传输、打印等)得到直观的数字信号。更多有关模数转换原理可参考电子技术等资料。

2. *ADC* 分辨率(精度)概念

ADC 将模拟信号转换为数字信号后，满量程转换结果的最大二进制位数称为 ADC 的分辨率，通常未带译码器的 ADC 的分辨率有 8 bit，10 bit，14 bit，16 bit，18 bit，20 bit，22 bit，24 bit 几种。分辨率越高的 ADC 意味着用于测量同一个物理量时可以测到更多的有效数字，也就是说具有更高的测量精度。

数字表头是一种集成了 ADC、译码器和显示器的模拟电压、电流测量装置。数字表头通常使用“三位半”、“四位半”等概念来表示分辨率(测量精度)。通常把转换后能在七段数码管(LED)或者液晶显示屏上显示最大有效数字为 1 999 的数字表头称为三位半,用 $3\frac{1}{2}$表示;最大有效数字为 19 999 的称为四位半表头,用 $4\frac{1}{2}$表示。目前的最高精度为七位半$\left(7\frac{1}{2}\right)$。三位半表头的精度相当于 11 位的 ADC($2^{11}=2\,048\approx1\,999$),四位半表头的精度相当于 14 位的 ADC($2^{14}=16\,384\approx19\,999$)。

3. 译码及显示电路

译码及显示电路是把人不容易读懂的数字信号(二进制、十六进制数)转换成人习惯阅读的十进制数的器件或装置。如常用的译码器有驱动共阳极数码管的 74LS47、CD4511 和驱动共阴极数码管的 74LS48,以及驱动液晶显示屏的 CD4055 等,也有在 MCU 内部采用软件实现的程序译码器。

三、数字万用表设计原理

1. 直流电压测量档电路的设计

在数字表头前连结一级分压电路(分压器),可以扩展直流电压测量的量程。如图 2(a)所示,U_0为数字电压表的量程(如 200 mV),r 为表头内阻(如 10 MΩ),r_1、r_2为分压电阻,U_{i0}为扩展后的量程。

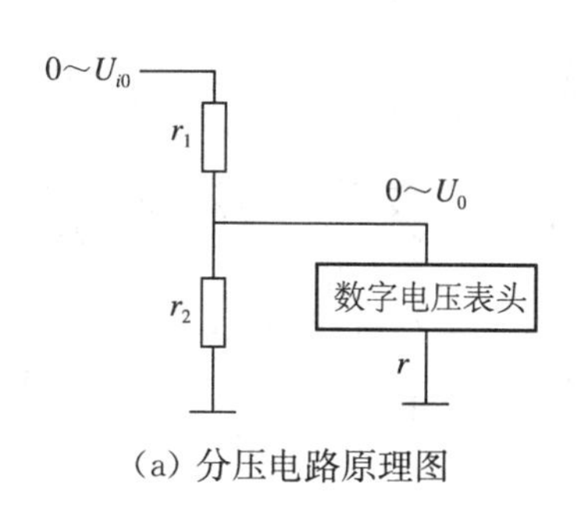

(a) 分压电路原理图

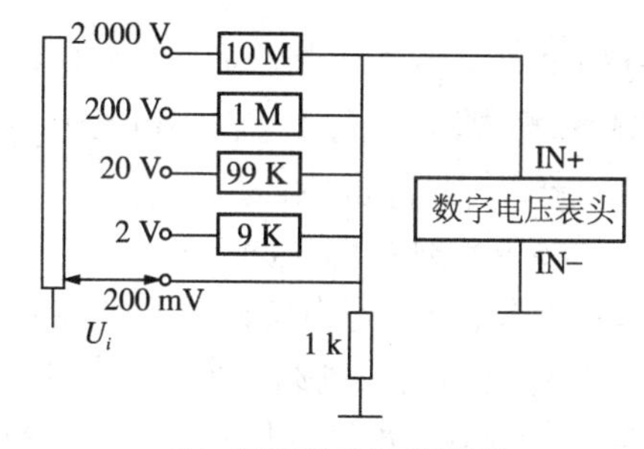

(b) 多量程分压器原理

图 2　分压电路

由于 $r\gg r_2$,所以分压比为$\frac{U_0}{U_{i0}}=\frac{r_2}{r_1+r_2}$,扩展后的量程为$U_{i0}=\frac{r_1+r_2}{r_2}U_0$。多量程分压器原理如图 2(b)所示,5 档量程的分压比分别为 1、0.1、0.01、0.001 和 0.000 1,对应的量程分别为 2 000 V,200 V,20 V,2 V 和 200 mA。采用图 2(b)的分压电路虽然可以扩展电压表的量程,但在小量程档明显降低了电压表的输入电阻,这在实际应用中是不希望的。所以,实际数字万用表的直流电压档采用图 3 所示电路,它能在不降低输入阻抗的情况下,达到同样的分压效果。

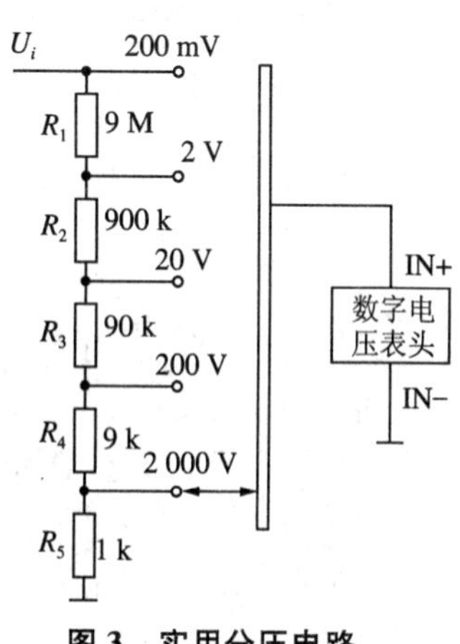

图 3　实用分压电路

例如，其中 200 V 档的分压比为

$$\frac{R_4+R_5}{R_1+R_2+R_3+R_4+R_5}=\frac{10\ \text{k}\Omega}{10\ \text{M}\Omega}=0.001$$

实际设计时是根据各挡的电压比和总电阻来确定各个分压电阻的。如先确定

$$R_{总}=R_1+R_2+R_3+R_4+R_5=10\ \text{M}\Omega$$

再计算 2 000 V 档的电阻 $R_5=0.000\ 1R_{总}=1\ \text{k}\Omega$。

依次计算各档电阻。计算得最大量程为 2 000 V，但实际测量中考虑到耐压和安全，规定最高不超过 1 000 V。换量程时，多量程转换开关可以根据档位自动调整小数点的显示。

2. 直流电流测量档电路的设计

根据欧姆定律，用合适的取样电阻把待测电流转换为相应的电压，再进行测量。如图 4 所示，由于 $r\gg R$，取样电阻上的电压降为 $U_i=RI_i$，被测电流为 $I_i=U_i/R$。

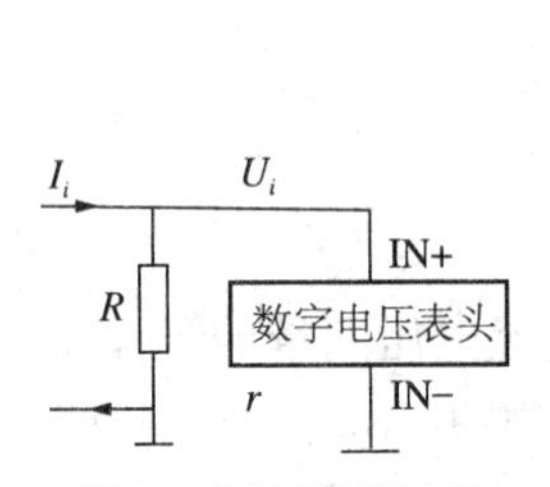

图 4　电流测量原理

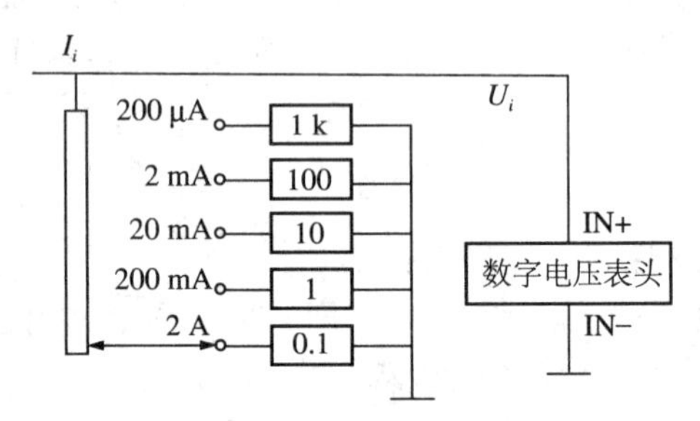

图 5　多量程分流电路

数字表头的量程 $U_0=200$ mV，欲使电流档量程为 I_0，则该档的取样电阻（也称分流电阻）为 $R=U_0/I_0$，如要求 $I_0=200$ mA，则分流电阻为 $R=1\ \Omega$。

多量程分流器原理电路如图 5 所示。但该电路在实际使用中有一个缺陷，就是当换档开关接触不良时，被测电路的电压会使数字表头过载。所以，数字万用表实际使用的多量程测量电路如图 6 所示的分流电路。相关参数计算过程为：

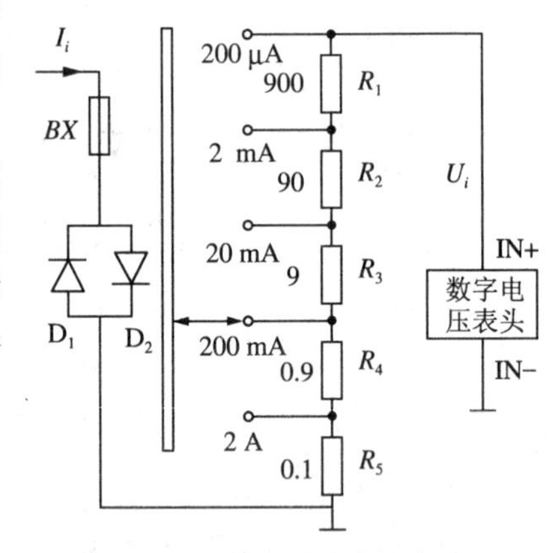

图 6　多量程实用分流器电路

先计算最大电流 $I_{m5}=2$ A 档的分流电阻 R_5

$$R_5=\frac{U_0}{I_{m5}}=\frac{200\ \text{mV}}{2\ \text{A}}=0.1\ \Omega$$

再计算下一电流档 $I_{4m}=0.2$ A 的 R_4

$$R_4=\frac{U_0}{I_{m4}}-R_5=\frac{200\ \text{mV}}{0.2\ \text{A}}-0.1=0.9\ \Omega$$

其他各档计算请同学们在数据处理部分完成。

图 6 中 BX 是 2 A 保险丝，电流过大时会快速熔断，起过流保护作用。两只反向连接且与分流电阻并联的二极管 D_1、D_2 为整流二极管，它们起双向限幅过压保护作用。

用 2 A 档位，若发现电流大于 1 A 时，应不使测量时间超过 20 秒，以免大电流引起较高温度影响测量精度甚至损坏电表。

3. 交流电压、电流测量电路的设计

数字万用表测量交流电压、电流的思想是先把交流电压或电流信号转变成直流信号量，再通过测量直流信号量来确定交流信号的有效值。交流-直流(AC－DC)变换器如图7所示。该变换器主要由运算放大器、整流二极管、校准电位器和RC滤波器组成。

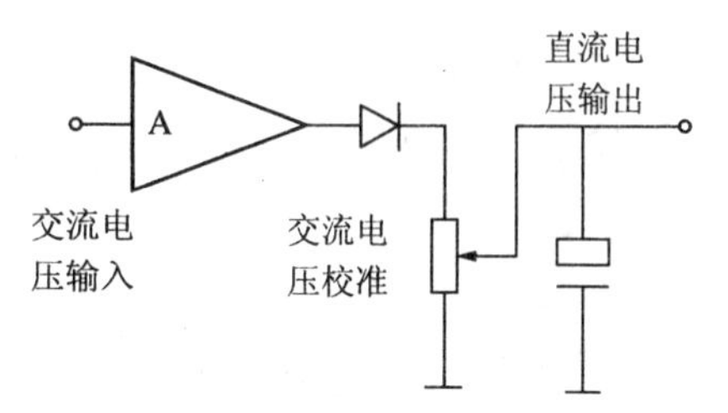

图7　交流-直流(AC－DC)变换器原理简图

交流信号经过运算放大器组成的电压跟随器(电压峰峰值不变，但电流得到了放大)和放大电路，再使用整流二极管进行半波整流。校准电位器和电容C构成的滤波器可以滤除信号经过半波整流后剩余的交流成分和高次谐波。校准电位器的另一个作用是调节被测信号的有效输出值。

同直流电压测量档类似，出于仪表对耐压和安全的考虑，交流电压档的最大测量输入电压通常限制为700 V(有效值)，频率范围为40～400 Hz，有的型号可以达到1 000 Hz。

4. 电阻测量挡电路的设计

数字万用表中的电阻测量档采用的是比例法，其电路原理如图8所示。由精密稳压管DZ(通常使用稳压集成模块)提供基准电压，由于数字表头阻抗很高，忽略流入U_{REF}和U_{IN}端口的电流，流过标准电阻R_0和被测电阻R_x的电流基本相等。$U_{REF}=I_0R_0$，$U_{IN}=I_0R_x$，于是，ADC的参考电压U_{REF}和输入电压U_{IN}之间有如下关系：

$$\frac{U_{REF}}{U_{IN}}=\frac{R_0}{R_x}，即\ R_x=\frac{U_{IN}}{U_{REF}}R_0$$

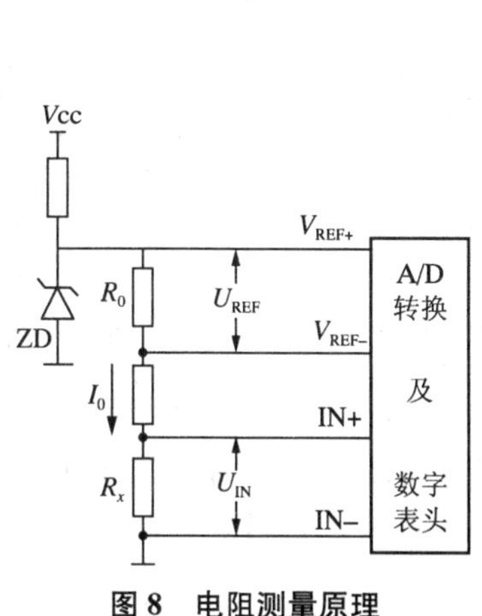

图8　电阻测量原理

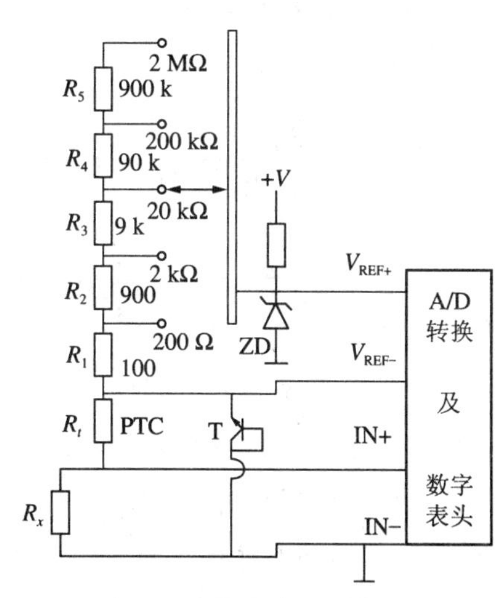

图9　多量程电阻测电路

由所采用的ADC的特性可知，数字表显示的是U_{IN}与U_{REF}的比值，当$U_{IN}=U_{REF}$时显示“1 000”，当$R_x=0.5R_0$时显示“500”，这称为比例读数特性。因此，只用选取不同的标准电阻并适当地对小数点进行定位，就能得到不同的电阻测量档。

设计例子：对200 Ω档，取$R_{01}=100\ \Omega$，小数点定位在十位上，当$R_x=150\ \Omega$时，表头就会显示“150.0(Ω)”；对2 kΩ档，取$R_{02}=1\ k\Omega$小数点定位在千位上，当R_x在0.001 kΩ～1.999 kΩ变化时，相应显示在0.001 kΩ～1.999 kΩ变化.其他各档的计算请同学们在数据处理部分完成。

数字万用表多量程电阻测量各档电路如图 9 所示。图中有一个由正温度系数(PTC)热敏电阻 R_t 与三极管 T 构成的过压保护电路，以防止误用电阻挡去测量高压时损坏集成电路。当误测高压时，三极管 T 发射极立即击穿，从而限制了输入电压的升高。同时，R_t 随着电流的增加而增加，使 T 的击穿电流不超过允许范围，即 T 处于软击穿状态，不会损坏，一旦解除错误操作，R_t 和 T 都能恢复正常。

【实验仪器】

ZC15D9 型数字万用表原理与改装实验仪和标准表 UT55。

ZC15D9 型数字万用表原理与改装实验仪的核心是由转换器 ICL7107 构成的三位半数字表头。校准用的标准表 UT55 的核心转换器是 ICL7106。ICL7107/6 电路原理如图 10 所示，由模数转换器(集成 ADC、译码器于一体)、外围电路、LED 显示器构成。该模数转换器有 7 个输入端，包括 2 个测量电压输入端(IN＋和 IN－)、2 个基准电压输入端(V_{REF}＋和 V_{REF}－)和 3 个小数点驱动输入端。

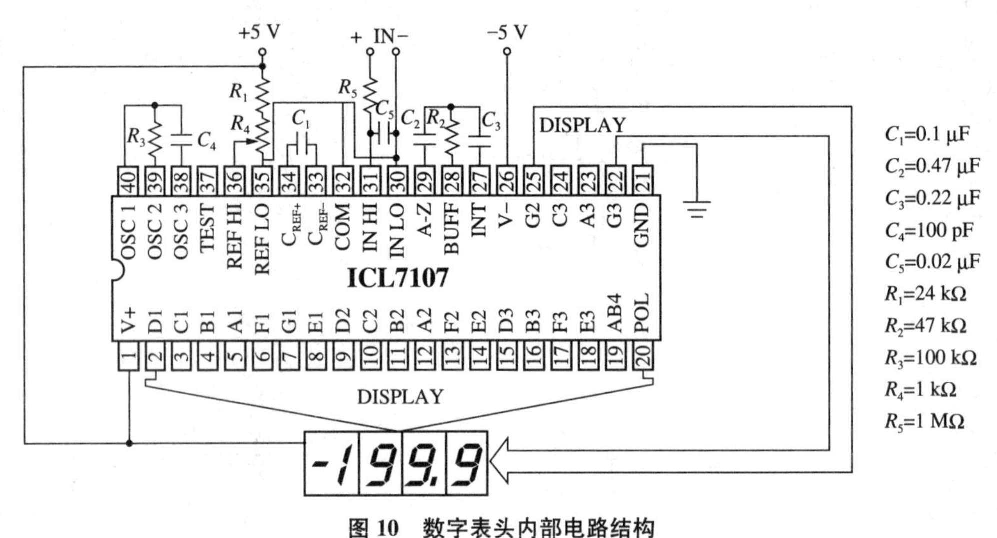

图 10　数字表头内部电路结构

注意：ICL7106 和 ICL7107 在基本功能上是相同的，主要区别是 ICL7106 所对应的显示设备是液晶显示器(LCD)，而 ICL7107 对应的是数码显示器(LED)；另在应用上 ICL7106 和 ICL7107 的电路连接和电源有些不同，使用时应注意(请参考有关资料)。

【实验内容】

1. 必做内容：多量程直流数字电压表设计与校准

(1) 按照图 11 所示连接电路，将标准表 UT55 设置在“DC200 mV”测试功能，红黑表笔分别并联在实验仪的“直流电压电流”输出接线孔上。调节“直流电压电流”输出电压值，UT55 测得的电压值为 DC150～190.0 mV 之间。

(2) 将数字表头的“IN＋”连线连接到 9 M 端，调节“直流电压校准”旋钮得到表头所需要的参考电压 V_{REF+}(直流电压校准内部的 V_{REF} 由 TLV431 等精密稳压芯片提供)，使三位半数字表头的示数与UT55一致(注:也可以直接使用UT55的200 mV档在V_{REF+}和V_{REF-}之间测量V_{REF}的输出电压,调节"直流电压校准"旋钮,当UT55的示数约为99.9 mV时,表头的参考电压基本处于标准值附近,此时,再将处于"DC200 mV"测量档的UT55接到"直流电压电流"孔上,微调"直流电压校准"旋钮,使表头示数与UT55一致)测试表头校准结束。

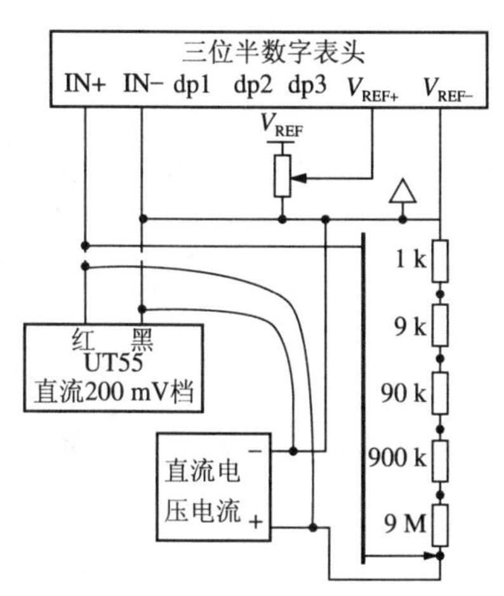

图11　多量程直流数字电压表设计原理图

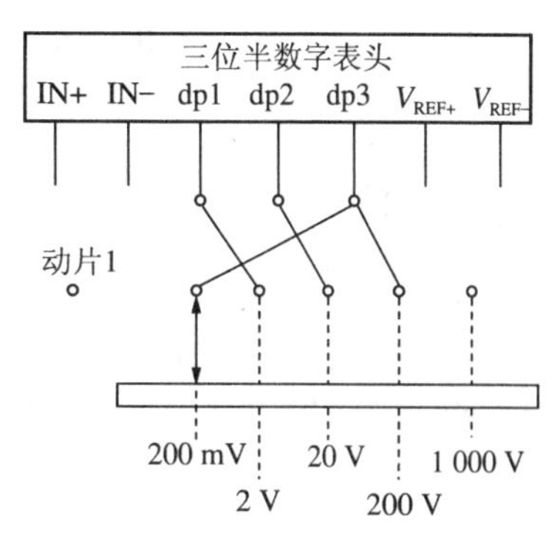

图12　多量程表小数点控制电路

(3) 使用所设计的多量程直流电压表进行测量使用

以上(1)~(2)所完成的实际上是DC200 mV测量档,如果电路无故障,实际上已经具有了多量程测量功能。换档时间,只需将"IN+"的连线分别处于9 M、900 k、900 k与90 k等连接孔即可。此时,请分析测量示数与实际待测值之间的关系(该过程非常重要,这是判别同学们是否真正理解万用表工作原理、如何设计和是否会使用自己所设计的万用表的基本准则)。

注意:仪器上的"动片2"作为量程转换开关,由于大部分同学不一定知道其内部基本结构,在实验过程中可以不使用,如需要换档则直接按(3)所述的换挡方法即可;"动片1"作为控制小数点显示连线,在实验中的意义不大,但要求同学们能在即便不使用该功能的情况下也知道小数点处于什么位置。

2. 选做内容:多量程电流表、电阻表、交流电压表、交流电流表的设计由学生自主完成。

【注意事项】

1. 实验过程中,如果发现数字表头显示出现校准(直流电压校准)不能调节时,应检查电路是否连接正确。特别是电源极性是否正确。

2. 实验时应"先接线,再加电;先断电,再拆线",加电前应确认接线无误。

3. 即使有保护电路,也应该注意不要用电流档或电阻档测量电压,以免造成损坏。

4. 当数字表头最高位显示"1"(或"−1")而其余都不亮时,表明输入信号超量程。此时应尽快换大量程档或减小(断开)输入信号,避免长时间超量程。

5. 自锁紧插头插入时不要太用力即可接触良好,拔出时只需把插头旋转一下即可轻易拔出,避免硬拔硬拽导线,造成线芯断路。

6. 使用~220 V时注意安全。

【数据记录与处理】

1. 计算直流(或交流)电压表设计中各个电阻的阻值(必做内容)

要求:写出各个电阻阻值的计算过程。

2. 计算直流(或交流)电流表设计中各个电阻的阻值(选做内容)

要求:写出各个电阻阻值的计算过程。

3. 使用所设计的万用表进行实验测量结果记录

使用所设计的数字万用表对直流电压、交流电压、直流电流、交流电流和电阻进行实验测量,并作数据记录。

【问题与讨论】

1. 简述数字万用表的优点和缺点。

2. 假如需要采用实验中的数字表头设计一个数字温度计,该怎样设计?如果需要设计的是一个简易的测谎仪,又该怎样设计?

(陈秉岩　杨建设)

实验 21　扭摆法测定物体转动惯量

转动惯量(moment of inertia),是刚体绕轴转动时惯性(回转物体保持其匀速圆周运动或静止的特性)的量度,用字母 I 或 J 表示(kg・m)。转动惯量在旋转动力学中的角色相当于线性动力学中的质量,可理解为一个物体对于旋转运动的惯性,用于建立角动量、角速度、力矩和角加速度等数个量之间的关系。在工程上,保持高速转动机电部件(如车轮、飞轮、电机转子)的转动惯量平衡,是设备可靠运行的重要条件。

【实验目的】

1. 用扭摆测定不同形状刚体的转动惯量。
2. 验证转动惯量平行轴定理。

【实验原理】

扭摆的构造如图 1 所示,在垂直轴 1 上装有一根薄片状的螺旋弹簧 2,用以产生恢复力矩。轴的上方可以装上待测物体,将其在水平面内转过一角度 θ 后,在弹簧的恢复力矩作用下物体开始绕垂直轴作往返扭转运动。根据虎克定律和转动定律可知,忽略轴承的摩擦阻力矩,在角度较小的情况下,扭摆转动满足谐振方程为:

$$\alpha=\frac{\mathrm{d}^2\theta}{\mathrm{d}t^2}=-\frac{K\theta}{J}=-\omega^2\theta \tag{1}$$

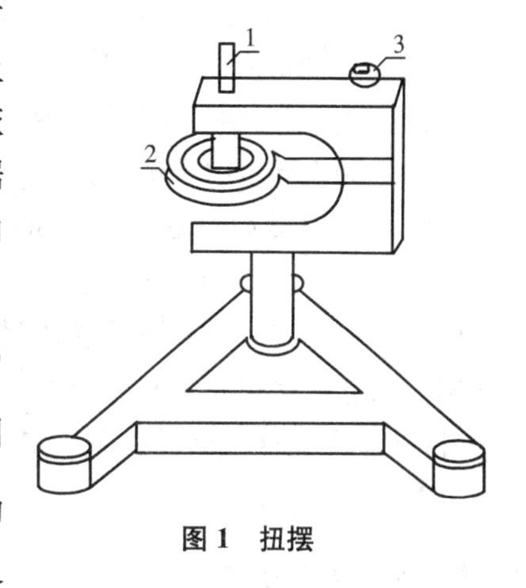

图 1　扭摆

α 为角加速度,J 为物体绕转轴的转动惯量。此振动的周期为 $T=\frac{2\pi}{\omega}=2\pi\sqrt{J/K}$。只要实验测得物体扭摆的摆动周期,在 J 和 K 中任何一个量已知时即可计算出另一个量。由于每台仪器弹簧的扭转常数是不尽相同的,不可以直接给出,所以我们首先要测出弹簧的扭转常数。

本实验先用一个几何形状规则的物体作为参照物体,它的转动惯量可以根据它的质量和几何尺寸用理论公式直接计算得到。若两个刚体绕同一个转轴的转动惯量分别为 J_1 和 J_2,当它们被同轴固定在一起时,则总的转动惯量变为:$J_{总}=J_1+J_2$。

实验中可先测量空载物盘的摆动周期 T_0,它的转动惯量 $J_0=\frac{T_0^2K}{4\pi^2}$,然后将作为参照物体的塑料圆柱体放在载物盘上测出摆动周期 T_1,总转动惯量为 $J_0+J'_1=\frac{T_1^2K}{4\pi^2}$。塑料圆柱体的转动惯量为:

$$J'_1=\frac{(T_1^2-T_0^2)K}{4\pi^2}=\frac{1}{8}mD^2 \tag{2}$$

由参照物体的转动惯量，就可算出本仪器弹簧的 K 值：

$$K=\frac{4\pi^2 J'_1}{T_1^2-T_0^2} \tag{3}$$

知道了弹簧的 K 值，要测定其他形状物体的转动惯量，只需将待测物体安放在本仪器顶部的各种夹具上，测定其摆动周期，即可算出该物体绕转动轴的转动惯量。若物体是放在载物盘上，计算其转动惯量时，需减去载物盘的转动惯量：

$$J_0=\frac{J'_1 T_0^2}{T_1^2-T_0^2} \tag{4}$$

理论分析证明，若质量为 m 的物体绕质心轴的转动惯量为 J_0时，当转轴平行移动距离为 X 时，则此物体对新轴线的转动惯量变为

$$J=J_0+mX^2 \tag{5}$$

(5)式称为转动惯量的平行轴定理。由(5)式知，J 与 X^2 为线性关系。

【实验仪器】

1. 天平，游标卡尺，米尺。

2. 待测物体：实心塑料圆柱体、空心金属圆筒、实心球、金属细杆(两块金属滑块)。

3. 转动惯量组合测试仪。

如图 2，转动惯量组合测试仪主要由主机和光电传感器两部分组成。主机采用新型的单片机作控制系统，用于测量物体转动和摆动的周期。光电传感器主要由红外发射管和红外接收管组成，将光信号转换为脉冲电信号，送入主机工作。

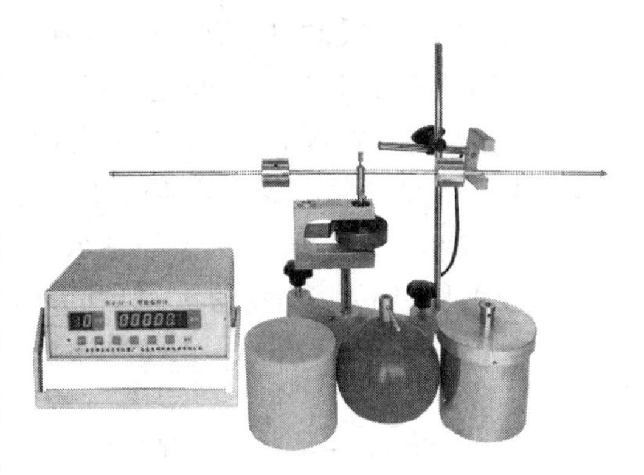

图 2　转动惯量组合测试仪

【实验内容与步骤】

1. 测出塑料圆柱体的外径，金属圆筒的内、外径，实心球直径，金属细杆长度及各物体质量。并根据塑料圆柱体的外径，计算出其转动惯量的理论值 J_1。

2. 调整扭摆基座底角螺丝，使水平仪的气泡位于中心。

3. 测定扭摆弹簧的扭转常数 K，并测定金属圆筒、实心球与金属细长杆的转动惯量，将测量结果与理论值比较，求百分差。

(1) 金属载物盘装在转轴支架上，调整光电探头的位置使载物盘上的挡光杆处于其缺口中央且能遮住发射、接收红外光线的小孔；设定计数器次数，旋转金属载物盘，使弹簧卷扭转的角度在 50°～90°范围内 ，然后释放，按下计数器开始按钮，测定其摆动周期 T_0。

(2) 塑料圆柱体垂直固定在金属载物盘上，测定其共同的摆动周期 T_1，计算弹簧的扭转常数 K。

(3) 将金属圆筒垂直固定在载物盘上，测定其共同的摆动周期 T_2；计算金属圆筒的转动惯量(计算时要在系统总的转动惯量中扣除原载物盘的转动惯量)。

(4) 装上实心球，测定摆动周期 T_3；计算实心球的转动惯量(在计算实心球的转动惯量时，应扣除支架的转动惯量)。若支架很小，可以忽略。

(5) 装上金属细杆(金属细杆中心必须与转轴重合)，测定摆动周期 T_4；计算金属细杆的转动惯量(在计算金属细杆的转动惯量时，应扣除支架的转动惯量)。

4. 将滑块对称放置在细杆两边的凹槽内，使滑块质心离转轴的距离分别为 5.00 cm，10.00 cm，15.00 cm，20.00 cm，25.00 cm，分别测定摆动周期 T；计算转动惯量，并作出 $J-x^2$ 曲线，验证转动惯量平行轴定理(计算转动惯量时，应扣除金属细杆和支架的转动惯量)。

【注意事项】

1. 为防止过强光线对光电探头的影响，光电探头不能置放在强光下，实验时采用窗帘遮光，确保计时的准确。

2. 记录周期时，注意受外力作用的那个周期，即第 1 个周期不应被计入。

3. 实验过程中应保证整个装置水平。

【数据记录与处理】

表 1　测量规则刚体对转轴的转动惯量

<table>
<tr><th>物体名称</th><th>质量(kg)</th><th colspan="2">几何尺寸(10^{-2} m)</th><th colspan="2">周期(s)</th><th>转动惯量理论值(10^{-4} kg·m^2)</th><th>转动惯量实验值(10^{-4} kg·m^2)</th><th>百分差</th></tr>
<tr><td rowspan="7">金属载物盘+支架轴</td><td rowspan="7">/</td><td colspan="2" rowspan="7">/</td><td rowspan="6">T_0</td><td></td><td rowspan="7">/</td><td rowspan="7">$J_0=\frac{J'_1\overline{T}_0^2}{\overline{T}_1^2-\overline{T}_0^2}$
=</td><td rowspan="7">/</td></tr>
<tr><td></td></tr>
<tr><td></td></tr>
<tr><td></td></tr>
<tr><td></td></tr>
<tr><td></td></tr>
<tr><td>$\overline{T}_0$</td><td></td></tr>
<tr><td rowspan="7">塑料圆柱</td><td rowspan="7"></td><td rowspan="6">D_1</td><td rowspan="2"></td><td rowspan="6">T_1</td><td></td><td rowspan="7">$J'_1=\frac{1}{8}m\overline{D}_1^2$
=</td><td rowspan="7">/</td><td rowspan="7">/</td></tr>
<tr><td></td></tr>
<tr><td rowspan="2"></td><td></td></tr>
<tr><td></td></tr>
<tr><td rowspan="2"></td><td></td></tr>
<tr><td></td></tr>
<tr><td>$\overline{D}_1$</td><td></td><td>$\overline{T}_1$</td><td></td></tr>
</table>

续 表

物体名称	质量(kg)	几何尺寸(10^{-2} m)		周期(s)		转动惯量理论值(10^{-4} kg · m²)	转动惯量实验值(10^{-4} kg · m²)	百分差
金属圆筒		$D_{外}$		T_2		$J'_2=\frac{m}{8}(\overline{D}_{内}^2+\overline{D}_{外}^2)$ =	$K=\frac{4\pi^2 J'_1}{\overline{T}_1^2-\overline{T}_0^2}$ = $J_2=\frac{K\overline{T}_2^2}{4\pi^2}-J_0$ =	$E=$ %
		$\overline{D}_{外}$						
		$D_{内}$						
		$\overline{D}_{内}$		$\overline{T}_2$				
实心球		$D_{直}$		T_3		$J'_3=\frac{1}{10}m\overline{D}_{直}^2$ =	$J_3=\frac{K\overline{T}_3^2}{4\pi^2}-J_{支座}$ =	$E=$ %
		$\overline{D}_{直}$		$\overline{T}_3$				
金属细杆		$\overline{L}$		T_4		$J'_4=\frac{1}{12}m\overline{L}^2$ =	$J_4=\frac{K\overline{T}_4^2}{4\pi^2}-J_{夹具}$ =	$E=$ %
		$\overline{L}$		$\overline{T}_4$				

附：实心球支座转动惯量实验值参考数值：0.321×10^{-4} kg · m²；夹具转动惯量：0.215×10^{-4} kg · m²。

表 2　滑块质量、高、底面直径记录表

m_a(kg)		m_b(kg)		$\overline{m}$(kg)	
L_a($\times10^{-2}$ m)		L_b($\times10^{-2}$ m)		$\overline{L}$($\times10^{-2}$ m)	
D_a($\times10^{-2}$ m)		D_b($\times10^{-2}$ m)		$\overline{D}$($\times10^{-2}$ m)	
滑块总转动惯量 $J_5=2\left(\frac{1}{12}\overline{m}\,\overline{L}^2+\frac{1}{16}\overline{m}\,\overline{D}^2\right)$($\times10^{-4}$ kg · m²)					

表 3　验证刚体的平行轴定理

$X(10^{-2}\mathrm{m})$	5.00	10.00	15.00	20.00	25.00
摆动周期 $T(\mathrm{s})$					
$\overline{T}(\mathrm{s})$					
实验值 $J=K(\overline{T}^2-\overline{T}_4^2)/4\pi^2(\times10^{-4}\mathrm{kg\cdot m^2})$					
理论值 $J'=J_5+2mX^2(\times10^{-4}\mathrm{kg\cdot m^2})$					

J_5 为两个滑块 a,b 的总转动惯量。

【问题与讨论】

1. 扭摆在摆动过程中受到哪些阻尼？它的周期是否会随时间而变？

2. 扭摆的垂直轴上装上不同质量的物体，在不考虑阻尼的情况下对摆动周期大小有什么影响？

3. 如果重物对转轴的分布不是对称的，对实验是否有影响？为什么？

（陈秉岩）

实验 22　金属电子逸出功及电子荷质比测定

金属中存在大量的自由电子，但电子在金属内部所具有的能量低于在外部所具有的能量，因而电子逸出金属时需要给电子提供一定的能量，这份能量称为电子逸出功。电子从加热的金属中发射出来的现象称为热电子发射。热电子发射的性能与金属材料的逸出电势(或逸出功)有关。在电真空器件阴极材料的选择中，材料的逸出电势是重要参量之一。本实验用理查森(Richardsion)直线法测量钨的逸出电势，这一方法有丰富的物理思想，同时是一个较好的数据处理基本训练内容。

【实验目的】

1. 了解有关热电子发射的基本规律，学习直线测量法、外延测量法和补偿测量法等实验方法。
2. 掌握使用理查森直线法处理数据，测定钨的逸出功。
3. 设计性扩展实验，观察磁场、电压等物理量对金属电子逸出功的影响。

【实验原理】

一、电子的逸出功

若真空二极管的阴极(用被测金属钨丝做成)通以电流加热，并在阳极上加以正电压时，在连接这两个电极的外电路中将有电流通过，如图 1 所示。这种电子从加热金属丝发射出来的现象，称为热电子发射。二极管的电子电流曲线如图 2 所示。

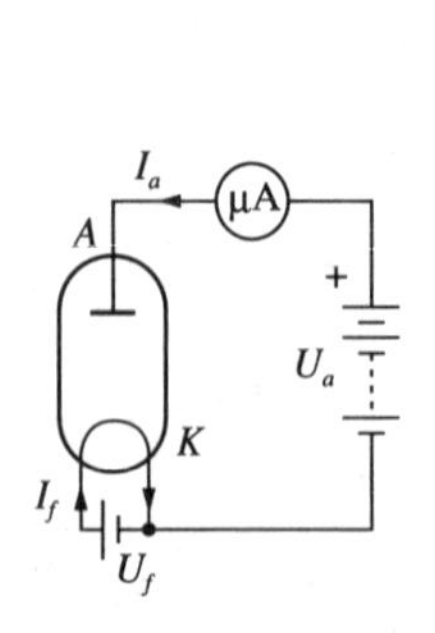

图 1　热电子发射示意图

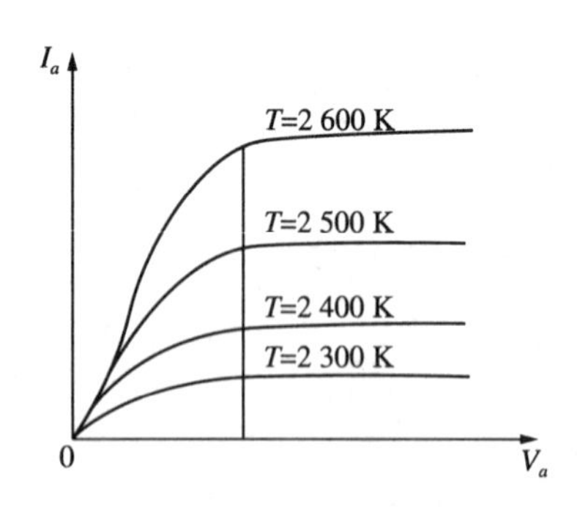

图 2　热电子发射电流伏安特性

热电子发射与发射电子的材料的温度有关，因为金属中的自由电子必须克服在金属表面附近的电场阻力做功才能逸出金属表面，这个功叫逸出功。不同金属材料逸出功的值是不同的。此外，热电子发射还与阴极材料有关。因为各种金属材料具有不同的表面逸出功，因而在阴极温度相同时，若材料不同，其发射的电子数也不等。本实验是测定钨的逸出功。无外电场时的热电子发射为：

$$I_0 = AST^2\exp(-e\varphi/kT) \tag{1}$$

其推导过程可参看固体金属物理学的电子理论部分。(1)式中 I_0 为热电子发射的电流强度(A),A 为和阴极表面化学纯度有关的系数($A \cdot cm^2 \cdot K^{-2}$),$S$ 为阴极的有效发射面积(m^2),k 为玻尔兹曼常数($k = 1.38 \times 10^{-23}$ J/K),T 为热阴极的绝对温度,单位为 K。

原则上我们只要测定 I,A,S 和 T,就可以根据(1)式计算出阴极材料的逸出功 $e\varphi$。但困难在于 A 和 S 这两个量是难以直接测定的,所以在实际测量中常用下述的理查森直线法,以设法避开 A 和 S 的测量。

二、理查森直线法

将(1)式两边除以 T^2,再取对数得到

$$\begin{aligned} \lg (I_0/T^2) &= \lg AS - e\varphi/2.30kT \\ &= \lg AS - 5.04 \times 10^3 \varphi/T \end{aligned} \tag{2}$$

因为 A 和 S 是结构常数,对每一个二极管都各有一个与温度无关的定值。从上式中可以看出,$\lg(I_0/T^2)$ 与 $1/T$ 呈线性关系。如果以 $\lg(I_0/T^2)$ 为纵坐标,以 $1/T$ 为横坐标作图,由所得直线的斜率即电子的逸出电位 φ,可求出电子的逸出功 $e\varphi$,这个方法叫做理查森直线法。它的好处在于可以不必求出 A 和 S 的具体值,直接从 I 和 T 就可以得出 φ 的值,A 和 S 的影响只是使 $\lg(I_0/T^2) \sim 1/T$ 直线平行移动。类似的这种处理方法在实验、科研和生产上都有应用。

三、从加速场外延求零场电场

为了维持阴极发射的热电子能连续不断地飞向阳极,必须在阴极和阳极间外加一个加速电场 E_a。然而由于 E_a 的存在会使阴极表面的势垒 E_a 降低,因而逸出功减小,发射电流增大,这一现象称为肖脱基效应。可以证明,在阴极表面加速电场 E_a 的作用下,阴极发射电流 I_a 与 E_a 有如下的关系

$$I_a = I_0 \exp\left(0.439 \frac{\sqrt{E_a}}{T}\right) \tag{3}$$

式中 I_a 和 I_0 分别是加速电场为 E_a 和零时的发射电流。对上式取对数得

$$\lg I_a = \lg I_0 + \frac{0.439}{2.30} \frac{\sqrt{E_a}}{T} \tag{4}$$

如果把阴极和阳极做成共轴圆柱体,并忽略接触电位差和其他影响,则加速电场可表示为:

$$E_a = \frac{V_a}{r_1 \ln \frac{r_2}{r_1}} \tag{5}$$

式中 r_1 和 r_2 分别为阴极和阳极的半径,V_a 为加速电压,联立以上两式得

$$\lg I_a = \lg I_0 + \frac{0.439}{2.30} \frac{1}{\sqrt{r_1 \ln \frac{r_2}{r_1}}} \frac{\sqrt{V_a}}{T} \tag{6}$$

由(6)式可见,对于一定尺寸的管子,当阴极的温度 T 一定时,$\lg I_a$ 和 $\sqrt{V_a}$ 呈线性关系。

如果以 $\lg I_a$ 为纵坐标,以 $\sqrt{V_a}$ 为横坐标作图,如图 3 所示,此直线的延长线与纵坐标的交点为 $\lg I_0$。由此即可求出在一定温度下,加速电场为零时的热发射电流 I_0。

综上所述，要测定金属材料的逸出功，首先应该把被测材料做成二极管的阴极。当测定了阴极温度 T，阳极电压 V_a 和发射电流 I_a 后，通过上述的数据处理，得到零场电流 I_0，即可求出逸出功 $e\varphi$（或逸出电位 φ）。

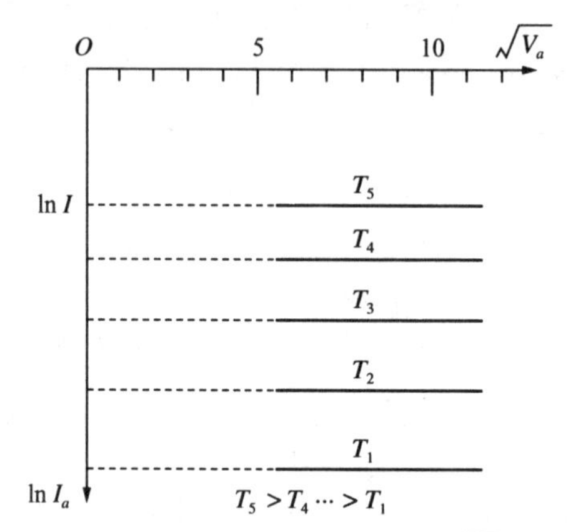

图 3　发射电流 $l_g I_a$ 和阳极电压 $\sqrt{V_a}$ 曲线

四、实验电路

根据实验原理，实验测试电路连接如图 4 所示，图 5 为实验测试用的理想二极管结构图。

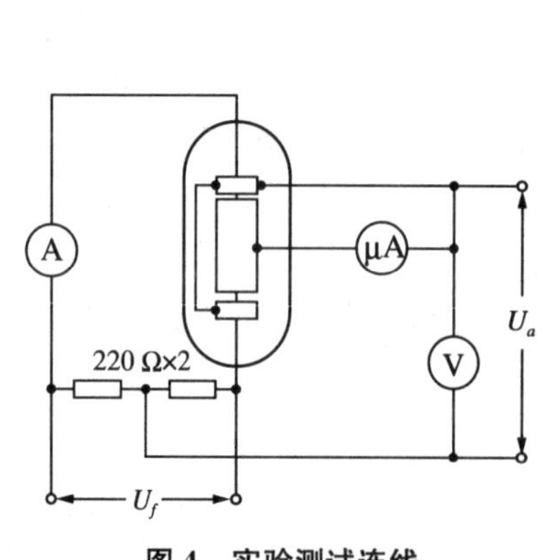

图 4　实验测试连线

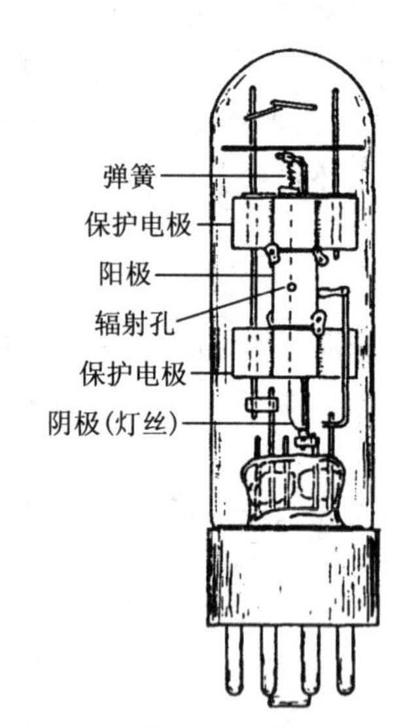

图 5　理想二极管结构图

五、金属电子逸出功扩展实验

在金属电子逸出功的测定实验中，理想二极管中有热电子发射，我们可以思考能否用这一现象来测定电子的荷质比呢？回答是肯定的。本设计性扩展实验中将进一步研究如何进行测定。

1. 磁控法原理

在用示波管测定电子荷质比的实验中，是利用了电子射线在均匀磁场中受洛仑兹力作用，产生磁聚焦的原理测定的。与此类似，如果将理想二极管也置于磁场中，二极管中径向运动的电子流将受到洛仑兹力的作用而做曲线运动。当磁场强度达到一定值时，做曲线运动的径向电子流将不再能达到阳极而“断流”。将利用这一现象来测定电子的荷质比，此方法称为磁控法。磁控法满足公式：

$$\frac{e}{m}=\frac{8U_a}{(r_2^2-r_1^2)B_c^2}\approx\frac{8U_a}{r_2^2B_c^2} \tag{7}$$

U_a 为理想二极管阳极电压，r_1、r_2分别为阴极和阳极半径，B_c 为断流时螺线管临界磁感应强度。其中 B_c 的计算公式如下：

$$B_c=\mu_0 nI_c \tag{8}$$

其中 n 为励磁线圈总匝数。

2. 伏安特性法原理

实验所使用的理想二极管是标准二极管，可以根据二极管的伏安特性来进行实验。对于真空电子管的伏安特性，当阳极电压 U_a 不太高时，即阳极电流 I_a 未达饱和时，极间的空间电荷(积聚在阴极附近的电子云)将起作用。因此，理想二极管的伏安特性是非线性的。通过理论计算，可以得到电子流产生的阳极电流满足以下公式：

$$I_a=\frac{4}{9}\varepsilon_0\sqrt{\frac{2e}{m}}\frac{S}{d^2}U_a^{\frac{3}{2}} \tag{9}$$

(9)式称二分之三次方定律。式中 ε_0 为真空介电系数，S 为阳极面积，d 为阳极与阴极之间的距离。对于同心圆柱体结构的理想二极管，设阳极内半径为 R，长为 L(＝15 mm)，得

$$I_a=\frac{8}{9}\pi\varepsilon_0\sqrt{\frac{2e}{m}}\frac{L}{R}\frac{1}{\beta^2}U_a^{\frac{3}{2}} \tag{10}$$

式中$\frac{1}{\beta^2}$为修正因子，它是阳极内半径与阴极内直径比值的函数。当阳极内半径远大于阴极内直径时，$\beta=1$。实验中所用理想二极管的阳极内半径 $R=8.4$ mm，阴极内直径＝0.075 mm。因此，$\frac{1}{\beta^2}=1$。在(10) 式中令 $K=\frac{8}{9}\pi\varepsilon_0\sqrt{\frac{2e}{m}}\frac{L}{R}$，得到

$$I_a=KU_a^{\frac{3}{2}} \tag{11}$$

由此可见，从理想二极管的二分之三次方定律出发，是可以设法测出电子荷质比的。

【实验仪器】

理想(标准)二极管，测量阳极电压、电流等的电表，连接导线等。以下分别加以介绍。

1. 理想二极管

为了测定钨的逸出功，我们将钨作为理想二极管的阴极(灯丝)材料。所谓“理想”是指把电极设计成能够严格地进行分析的几何形状。根据上述原理，我们把电极设计成同轴圆柱形系统。“理想”的另一含义是把待测的阴极发射面限制在一定长度内温度均匀的和近似地能把电极看成是无限长的，即无边缘效应的理想状态。为了避免阴极的冷端效应(两端温度较低)和电场不均匀等边缘效应，在阳极两端各装一个保护(补偿)电极，它们在管内相连后再引出管外，但它们和阳极绝缘。因此保护电极虽和阳极加相同的电压，但其电流并不包

括在被测热电子发射电流中，这是一种补偿测量的仪器设计。在阳极上还开有一个小孔（辐射孔），通过它可以看到阴极，以便用光测高温计测量阴极温度。理想二极管的结构如图 5 所示。

2. 阴极（灯丝）温度 T 的测定

阴极温度 T 的测定有两种方法：一种是用光测高温计通过理想二极管阳极上的小孔，直接测定。但用这种方法测温时，需要判定二极管阴极和光测高温计灯丝的亮度是否一致。该项判定具有主观性，尤其对初次使用光测高温计的学生，测量误差更大；另一种方法是根据已经标定的理想二极管的灯丝（阴极）电流 I_f，查表 1 得到阴极温度 T。相对而言，第二种方法的实验结果比较稳定。

表 1　灯丝电流与阴极温度

灯丝电流 I_f(A)	0.50	0.55	0.60	0.65	0.70	0.75	0.80
灯丝温度 T(×10³ K)	1.72	1.80	1.88	1.96	2.04	2.12	2.20

【实验内容与步骤】

1. 熟悉仪器装置，按图 4 连接电路，接通电源预热 10 分钟。

2. 调节二极管的灯丝电流，让 $I_f = 0.55$ A，保持 I_f 不变，调节阳极电压，使其分别为 25 V、36 V、49 V、64 V、81 V、100 V、121 V、144 V 测得对应的每个 I_a，把测得的 I_a 值填入表 2。

3. 改变 I_f 值，重复步骤(2)，并换算至表 3。

4. 根据表 3 数据，作出 $\lg I_a$-$\sqrt{V_a}$ 图，求出截距 $\lg I_0$，即可得到在不同灯丝温度时的零场热电子发射电流 I_0，换算至表 4。

5. 根据表 4 数据，作出 $\lg \frac{I_0}{T^2}$-$\frac{1}{T}$ 图，从直线斜率求出钨的逸出功 $e\varphi$（或逸出电位 φ）。

6. 采用伏安法进行实验，将实验数据记录到表 5。

【数据记录和处理】

表 2　发射电流 I_a 和阳极电压 V_a 关联数据

I_a(×10⁻⁶ A) \ V_a(V) \ I_f(A)	25	36	49	64	81	100	121	144
0.55								
0.60								
0.65								
0.70								
0.75								

表 3　不同灯丝电流(温度)的热电子发射电流

$\lg I_a$ \ $\sqrt{V_a}$ / T (10^3 K)	5	6	7	8	9	10	11	12

表 4　不同灯丝温度的零场热电子发射电流

T ($\times 10^3$ K)						
$\lg I_0$						
$\lg\left(\frac{I_0}{T^2}\right)$						
$\frac{1}{T}$						

直线斜率:$m=$________;逸出功:$e\varphi=$________eV;逸出功公认值:$e\varphi=4.54$ eV;相对误差:$E=$________%。

表 5　伏安法测 U_a-I_a 数据记录表

U_a(V)						
$U_a^{3/2}$						
I_a(A)						

* 伏安法扩展实验项目用

【问题与讨论】

1. 实验中,当灯丝电流较大(超过 0.6 A),阳极电压为零时,阳极(或阴极)电流却不为零,请解释这是什么原因?

2. 简要分析在本实验中哪些因素容易引起实验测量误差?

(刘晓红　熊传华)

实验 23　直流单臂电桥及其应用

由电阻、电容、电感等元件组成的四边形测量电路叫电桥（四条边称为桥臂）。电桥是常用的弱小信号检测电路，在四边形的一条对角线两端接上电源，另一条对角线两端接电压检测器。调节桥臂上某些元件的参数值，使电压检测器的两端电压为零，此时电桥达到平衡。根据四条边上连接的元件以及施加的电压信号，可分为交流和直流电桥。

【实验目的】

掌握惠斯通电桥测电阻的原理和方法。

【实验原理】

电桥在电磁测量技术中应用极为广泛，它的特点是灵敏度和准确度都较高。电桥分为交、直流电桥两大类。直流电桥主要用来测量电阻，根据结构特点的不同，又可分为单臂电桥和双臂电桥，前者适用于测中值电阻（$1\sim10^6\ \Omega$），后者适用于测低值电阻（$1\ \Omega$ 以下）。

直流单臂电桥又称惠斯通电桥，其原理如图 1 所示。图中 ac，cb，bd，da 四条支臂称为电桥的四个臂，其中一个臂可连接被测电阻 R_x。电桥测电阻时则调节电桥另一个或几个臂的电阻，使检流计指针指示为零。这时，就表示电桥达到平衡，此时，c、d 两点的电位相等，则下列等式成立：

$$U_{ac}=U_{ad},U_{cb}=U_{db}$$

亦即

$$I_1R_1=I_4R_4,I_2R_2=I_3R_3$$

将两式相除得：

$$\frac{I_1R_1}{I_2R_2}=\frac{I_4R_4}{I_3R_3}$$

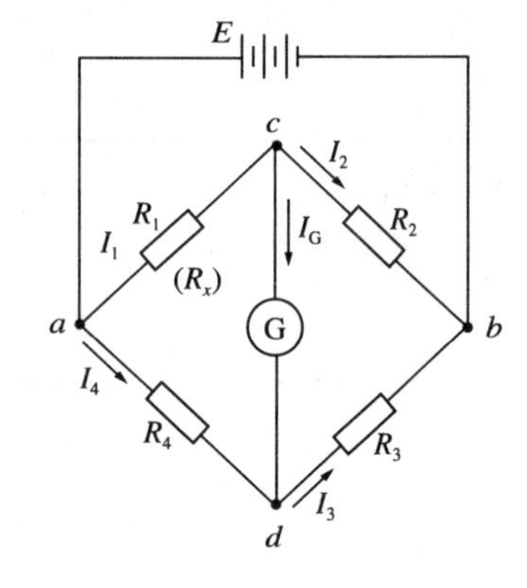

图 1　直流单臂电桥结构

因为电桥平衡时：$I_G=0$，所以 $I_1=I_2$，$I_3=I_4$。代入上式得：

$$R_1R_3=R_2R_4 \tag{1}$$

上式是电桥平衡的条件，根据这个关系式，在已知三个臂电阻的情况下就可确定另一个臂的被测电阻的电阻值。

设被测电阻 R_x 位于第一个桥臂中，则有

$$R_xR_3=R_2R_4 \tag{2}$$

即

$$R_x=\frac{R_2}{R_3}\cdot R_4$$

由式(2)可知，惠斯通电桥测电阻是将被测电阻与已知电阻直接进行比较，若已知电阻为准确度较高的标准电阻，就可使惠斯通电桥测量电阻获得较高的准确度。

实际使用中，通常将 R_2/R_3 称为比率臂，R_4 称为比较臂。

【实验仪器】

直流稳压电源、滑线变阻器、检流计、电阻箱、线式电桥、箱式电桥、待测电阻 2 个。

【实验内容与步骤】

本实验分别用“滑线式”电桥和“箱式”电桥测电阻，分别介绍如下：

一、滑线式电桥及使用

图 2 为滑线式电桥，其中电源 E 取 3 V，R_2 为电阻箱，R_x 为待测电阻，G 为检流计，R 为滑线变阻器，D 为滑键，可以在电阻丝上滑动，当电桥平衡时有

$$R_x = \frac{L_4}{L_3} \cdot R_2 \tag{3}$$

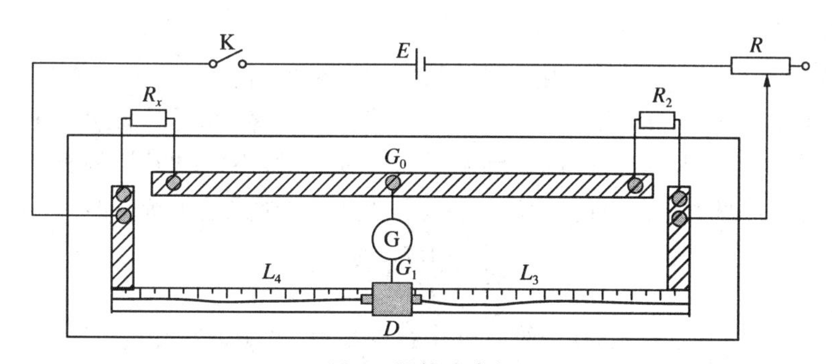

图 2　滑线式电桥

1. 按图 2 接好线路，滑线变阻器 R 取最大，滑键 D 置于电阻丝中点附近，R_2 取 100 Ω。

2. 合上开关 K，按下滑键 D，观察检流计偏转情况。检流计先接 G_1 端，调节 R_2 使检流计指针偏转最小，此时将检流计接入 G_0 端，再微微移动滑键 D，检流计中指针无偏转，记下此时的 L_4，L_3，R_2。

3. 按上述方法测量出待测电阻 R_{x1} 和 R_{x2}，以及 R_{x1} 和 R_{x2} 串联（R_{xp}）及并联时（R_{xs}）的电阻，见记录表格。为消除连接导线电阻，将 R_2 与 R_x 互换（$L_3:L_4=1:1$）后重复测量。

4. 以箱式惠斯通电桥的测量值作为标准值，求出滑线式电桥的测量误差 E_r、ΔR 和结果表达式。即：

$$E_r = \frac{|R_{箱} - R_{线}|}{R_{箱}}, \Delta R = E_r \cdot R_{线}, R = R_{线} \pm \Delta R$$

二、QJ23 型箱式电桥及使用

QJ23 型箱式电桥，采用惠斯通电桥线路，具有内附检流计和内接电源装置，测量 1～9 999 000 Ω 范围内电阻时极为方便，其线路原理如图 3 所示，外形如图 4 所示。

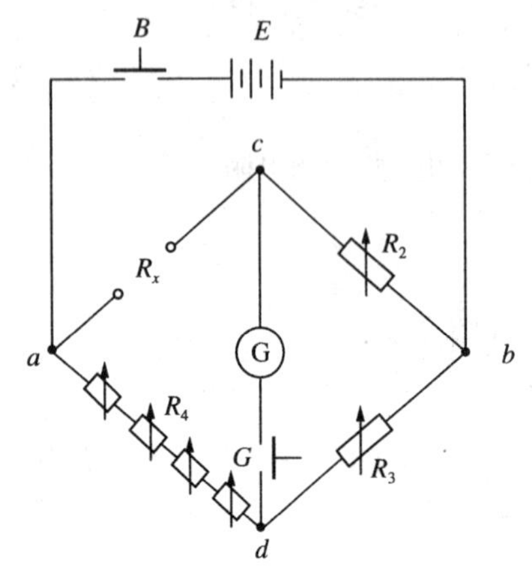

图 3　箱式单电桥原理图

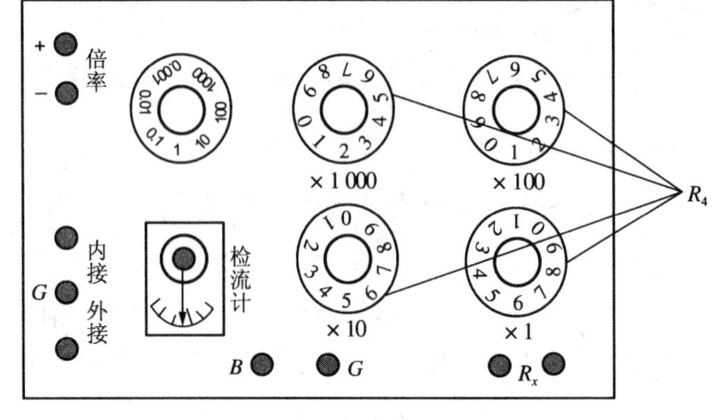

图 4　QJ23 型携带式直流单电桥

使用方法如下：

首先将检流计 G 接线柱的“内接”“外接”滑片连接到“外接”上，再调节检流计指针和零线重合。把被测电阻接到“R_x”两接线柱上，选择合适的比率臂(尽可能使比较臂 R_4 有四位有效数字)，并将比较臂 R_4 的四个旋钮旋至适当位置上，按下“B”“G”，根据检流计偏转，适当调节比较臂 R_4 的四个旋钮，直至检流计指零。此时，电桥已达平衡，即：

$$R_x=\frac{R_2}{R_3}\cdot R_4$$

R_2/R_3 可直接从比率臂上读出，比较臂的四个盘的示值，就是 R_4 的值。

在测量之前，首先要知道 R_x 的大约数，在一般正常情况下，比率臂放在×1 上，比较臂 R_4 放在 1 000 Ω 上，按下按钮“B”，然后轻按检流计按钮“G”，这时观察检流计指针向“＋”或“－”方向偏转，如果指针向“＋”的一边偏转，说明被测电阻 R 大于 1 000 Ω，可增加比较臂 R_4 四个旋钮的读数，如果开始指针向“－”一边晃动，则可知被测电阻 R_x 小于 1 000 Ω，可把比率臂放在×0.1 上，指针就会偏转到“＋”的一方，为此可得到 R_x 的大约数值，然后选择适当的比率臂的倍率再次调节四个比较臂 R_4，使电桥处于平衡状态，此时 R_x 的值可由下式求得：

$$R_x=(\text{比较臂读数之和})\times(\text{比率臂的倍率})$$

为了保证电桥的准确度，在使用电桥中 R_4 比较臂“×1 000”的读数盘不可放在“0”上，否则说明比率臂的倍率选择不当。

使用完毕应松开按钮“B”和“G”，并将检流计“内接”接线柱短路。

【实验注意事项】

1. 利用“滑线式”电桥测电阻时，在调节过程中，如检流计偏转较大应松开滑键 D，以免使检流计长时间大电流通过。

2. 利用“箱式”电桥测电阻时：

(1) 待测电阻未接入电桥前，严禁按下“B”和“G”按钮，以免烧坏检流计。

(2) 开始测量时，应先按“B”钮后按“G”钮；测试完毕，应先松“G”钮，再松开“B”钮。

【数据记录与处理】

1. “滑线式”电桥测电阻

表 1　数据记录

	L_3(cm)	L_4(cm)	R_2(Ω)		$R_x=\frac{L_4}{L_3}R_2$ (Ω)
			左	右	
待测电阻 1					
待测电阻 2					

2. “箱式”电桥测电阻

$$R_x=(\text{比较臂读数之和})\times(\text{比率臂的倍率})$$

3. 结果分析

以箱式惠斯通电桥的测量值作为标准值，求出线式电桥的测量误差和电阻结果表达式。

【问题与讨论】

1. 试将电桥法测电阻与伏安法测电阻作一比较，分析一下电桥法有何优点？

2. 参看图 1，如检流计 G 与电源 E 互换位置后的线路能否用来测电阻？试证明之。

（陈秉岩）

第 5 章　建模仿真实验

实验 24　大学物理实验仿真系统

实验 25　FDTD Solutions 建模仿真系统

实验 26　COMSOL Multiphysics 建模仿真系统

第 6 章　科研创新实验

实验 27　电工新技术的电参数测试

实验 28　放电等离子体的光谱诊断

实验 29　放电活性成分与反应调控

实验 30　物质光谱分析与拉曼技术

第7章 附 录

附录1 现代物理技术及其应用
附录2 国际单位制单位
附录3 常用基本物理常数表
附录4 物理实验大事简表
附录5 历年诺贝尔物理学奖(实验相关)简介

参考文献

实验报告

大学物理实验报告

学号____________ 姓名______________ 得分________________

授课班号______ 任课教师________ 日期______年____月____日

1. 填空题:(26 分,每空 1 分)

(1) 在科学实验中,一切物理量都是通过测量得到的。一个测量数据不同于一个数值,它是由________和________两部分组成的。

(2) 不确定度可归纳为两大类:A 类不确定度是指______________________________,用符号________表示;B 类不确定度是指____________________________,用符号________表示;总不确定度 $U=$________________。

(3) 在物理实验中,单次测量的总不确定度为 $U=$__________;当测量次数有限时,K 次测量中 A 类不确定度公式______________________________。

(4) 设间接测量量 N 是 K 个直接测量量 $x_1,x_2,x_3,\cdots,x_K$ 的函数,$N=f(x_1,x_2,x_3,\cdots,x_K)$。各直接测量量的总不确定度分别为 $U_1,U_2,U_3,\cdots,U_K$,则 $\overline{N}$__________________;N 的总不确定度为 U_N____。

(5) __________数字和__________数字合起来,称为有效数字。

(6) 运算中碰到的常数(如 π、g 等),一般认为常数的有效数字位数有____位;而在实际运算中,常数的有效数字位数一般比__________的位数多 1~2 位。例如:圆周长 $l=2\pi R$,当 $R=2.356$ mm 时,此时 π 应取到________。

(7) 四种常见的实验数据方法为:__________________;____________________;__________________;__________________。

(8) 物理实验中作图法处理数据时有曲线改直的重要技巧:

$y=ax^b$(a、b 为常量)型:横坐标取________ 纵坐标取__________;

$xy=a$ (a 为常量)型:横坐标取________ 纵坐标取________;

$y=ae^{-bx}$(a,b 为常量)型:横坐标取________ 纵坐标取________。

2. 有效数字运算(2 分×12=24 分)

(1) 写出以下各测量值的有效数字位数:

$m=0.450\times104$ kg:______位;

$m=4\ 500$ g:________位。

(2) 按有效数字运算规则计算:

$L=115$ cm$=1\ 150$ mm,应修正为$L=$____________________;

$\alpha=(1.71\times10^{-5}\pm6.31\times10^{-7})℃^{-1}$,应修正为$\alpha=$________________________;

已知 lg 1.983=0.297 322 714,则 lg 1 983 取成__________;

已知$10^{6.25}=1\ 778\ 279.41$,取成__________;

$10^{0.003\ 5}=1.008\ 091\ 61$,取成____________;

$\pi\times(4.0)^2=$________;

sin 30°00′应取成____________;

cos 20°16′=0.938 070 461,应取成____________。

(3) 用科学记数法表达如下的测量结果

$x=(17\ 000\pm0.1\times10^4)$km=____________________;

$T=(0.001\ 730\pm0.000\ 05)$s=____________________。

3. 不确定度及运算(10 分×3=30 分)

(1) 用$\Delta_{ins}=0.3$ s 的秒表测单摆的周期,每次连续测 50 个周期的时间为:100.6 s,100.9 s,100.8 s,101.2 s,100.4 s,100.2 s,求周期算术平均值、总不确定度,写出结果的标准形式。(10 分)

(2) 测得一个铜块的长 $a=(2.035\ 2\pm 0.000\ 4)$cm，宽 $b=(1.540\ 2\pm 0.000\ 1)$cm，高 $c=(1.243\ 5\pm 0.000\ 3)$cm，质量 $m=(30.18\pm 0.02)$g，计算铜块密度。(10 分)

(3) $N=\dfrac{4M}{\pi DH}$，$M=(236.124\pm 0.002)$g，$D=(2.34\ 5\pm 0.00\ 5)$cm，$H=(8.21\pm 0.01)$cm，计算 N 的结果及不确定度。(10 分)

4. 数据处理(共 20 分,作图 10 分)

已知一质点做匀加速直线运动,在不同时刻测得质点的运动速度如下:

时间 t(s)	1.00	2.50	4.00	5.50	7.00	8.50	10.00
速度 v(cm/s)	26.33	28.62	30.70	33.10	35.35	37.28	39.99

作 $v-t$ 图,并由图中求出:

(1) 初速度 v_0;(2)加速度 a;(3)在时刻 $t=6.25$ s 时质点的运动速度。

大学物理实验报告

学号____________ 姓名____________ 得分________________

实验室______ 日期______年____月____日 星期____第____节

实验 4 静态拉伸法测定金属杨氏模量

一、实验目的

1. 观察金属丝的弹性形变规律，学习用弹性拉伸法测杨氏弹性模量 E。
2. 学习用光杠杆法测量微小长度变化的原理和方法。
3. 学习用逐差法处理数据。

二、实验器材

杨氏模量仪，一千克砝码、光杠杆、标尺和望远镜、米尺、螺旋测微计、游标尺。

三、实验原理

当外力作用于固体时，能使它发生形状，如果外力在一定限度内，当外力停止作用时，物体又能恢复到原来的形状，这种形变为弹性形变。固体能够恢复原状的性质称为弹性，固体的弹性是组成固体的微粒之间相互作用的结果，其特点是：① 形变和应力成正比；② 形变随应力除去而消失，没有剩余形变。根据虎克定律：在弹性限度内$\frac{\Delta L}{L}$与外施应力$\frac{F}{S}$成正比，写作$\frac{\Delta L}{L}=\frac{1}{E}\cdot\frac{F}{S}$，其中 E 为该金属的杨氏弹性模量。所以

$$E=\frac{F/S}{\Delta E/L}=\frac{F\cdot L}{S\cdot\Delta L} \tag{1}$$

式中$\Delta L/L$ 称为相对伸长，F/S 称为胁强，$F=mg$ 是拉力，S 是截面积，L 是钢丝长度，都比较容易测量。ΔL 是外力作用在钢丝上产生一个很小的长度变化，它很难用普通测量长度的仪器测准，为了测量这个微小长度的变化，实验中采用了光杠杆装置。

四、实验内容与步骤

1. 实验内容与步骤

2. 实验注意事项

五、数据处理

1. 用逐差法处理数据

次数	荷重(kg)	增重时之读数(mm)	减重时之读数(mm)	增减读数元平均值(mm)
0				$b_0=$
1				$b_1=$
2				$b_2=$
3				$b_3=$
4				$b_4=$
5				$b_5=$
6				$b_6=$

$N_1=b_3-b_0=$ ________　　$N_2=b_4-b_1=$ ________

$N_3=b_5-b_2=$ ________　　$N_4=b_6-b_3=$ ________

$\overline{N}=\dfrac{N_1+N_2+N_3+N_4}{4}=$

$m=(m_3-m_0)=(m_4-m_1)=(m_5-m_2)=(m_6-m_3)=3.0\ \text{kg}$

2. 用螺旋测微计测金属丝直径 d，上、中、下各测 2 次，共 6 次然后取平均值。

螺旋测微计初始读数 $d_0=$ ______(mm)

	1	2	3	4	5	6	平均
钢丝直径 d_1(mm)							
真实直径 $d=d_1-d_0$(mm)							

$S=\dfrac{1}{4}\pi\overline{d^2}=$ ______

3. 用米尺测量 L、D，用游标尺测量 b。

$L=$ ______ cm $=$ ______ mm，$D=$ ______ cm $=$ ______ mm，$b=$ ______ cm $=$ ______ mm。

4. 测量结果(注意有效数字运算法则，$g=9.806\ 65\ \text{m}\cdot\text{s}^{-2}$)：

杨氏弹性模量 $E=\dfrac{8mg\overline{L}\overline{D}}{\pi\overline{d}^2\overline{b}\ \overline{\Delta N}}=$ ______ N/mm^2

六、问题讨论

1. 用光杠杆测量微小形变量时,改变哪些物理量可以增加光杠杆的放大倍数?

2. 哪些因素会给实验测量结果带来误差,如何减小这些误差?

3. 哪个量的测量是影响实验结果的主要因素,操作中应该注意什么问题?

大学物理实验报告

学号____________ 姓名____________ 得分________________

实验室______ 日期______年____月____日 星期____第____节

实验5 补偿法与直流电位差计

一、实验目的

1. 学习和掌握电位差计的补偿原理。
2. 学会用十一线电位差计来测量未知电动势。
3. 培养分析线路和实验过程中排除故障的能力。

二、实验器材

直流电位差计(UJ-11)、可编程直流稳压电源(Keithley 2231A-30-3)、饱和标准电池、待测电池、检流计 G、保护电阻 R_h、电阻箱、单/双刀开关、导线。

三、实验原理

1. 补偿法原理

2. 直流电位差计测电动势原理

四、实验内容与步骤

1. 实验注意事项

2. 实验内容与步骤

五、数据记录与处理

环境温度 $T=$________℃，计算得标准电动势 $E_S=$________V；

取标准化系数 $K=0.200\ 00$ V/m，计算得 $L_{CD}=\frac{E_S}{K}=$________ m。

实验数据记录表格

次数	1	2	3
V_P(V)			
R_S(Ω)			
$L_{C'D'}$(m)			
E_x(V)			
$\bar{E}_x$(V)			

六、问题讨论

1. 在图4线路中,闭合 K_1,将 K_2 倒向 E_S 或 E_x 后,有时无论怎样调节活动头 C、D,电流计的指针总是向一边偏转,试分析可能是哪些原因造成的?

2. 为什么要有调整工作电流这一步骤?

大学物理实验报告

学号＿＿＿＿＿＿＿　姓名＿＿＿＿＿＿＿　得分＿＿＿＿＿＿＿＿＿

实验室＿＿＿　日期＿＿＿年＿＿月＿＿日　星期＿＿第＿＿节

实验6　分光计的调整和使用

一、实验目的

1. 了解分光计的构造原理，学会正确的调节和使用方法。
2. 利用已知波长的单色光，测定光栅常数或反之。

二、实验器材

JJY1′型分光计、光栅、汞灯、双面平面反射镜。

三、实验原理

光栅衍射原理（简述光栅衍射原理，并画出光栅结构图）：

光栅结构图

光栅常数表达式：

光栅衍射方程：

光栅衍射光路图

四、实验内容与步骤

1. 实验注意事项

2. 分光计的调节

2.1　望远镜系统的调节

(1) 转动目镜,使能看到清晰的黑十字刻度线;

(2) 将平面镜放置在载物台上,调节望远镜和载物台,直到反射回亮十字线像;

(3) 改变分划板和物镜的距离,使亮十字线像变得清晰细锐;

(4) 利用二分之一调节法调节平面镜两面反射回来的亮十字线像和黑十字刻度线的上部分的十字重合,此时望远镜的光轴和分光计的转轴重合。

2.2　平行光管系统的调节

(1) 改变狭缝和平行光管透镜的距离,使得狭缝的像变得清晰细锐;

(2) 调节平行光管的水平使得狭缝的像被黑十字刻度线的中线平分。

3. 测定光栅常数

实验测试过程中,选择最强的绿色谱线作为光栅常数的测量参考光谱。

(1) 先测出零级中央明条纹左边(操作者左侧)第一级($k=-1$)对应的偏角 φ_{-1}。再逆时针转动望远镜测出中央明条纹右边第一级($k=+1$)的对应的偏角 φ_{+1}。于是,第一级明条纹偏离零级中央明条纹的角度为 $\theta_1=0.5|\varphi_{+1}-\varphi_{-1}|$。

(2) 同理测量 $k=-2$ 级与 $k=+2$ 级的偏角 φ_{+2} 和 φ_{-2}。于是,第二级明条纹偏过零级中央明条纹的角度为 $\theta_2=0.5|\varphi_{+2}-\varphi_{-2}|$。

五、数据记录与处理

（绿光波长 $\lambda = 546.07\ \mathrm{nm}$ ）

级次	谱线位置 \ 读数 \ 次数	第1次		第2次	
		左游标	右游标	左游标	右游标
$K=\pm1$	望远镜右侧 φ_{+1}				
	望远镜左侧 φ_{-1}				
	$\theta_1 = \frac{1}{2}\lvert\varphi_{+1}-\varphi_{-1}\rvert$				
	平均 $\overline{\theta_1}$				
$K=\pm2$	望远镜右侧 φ_{+2}				
	望远镜左侧 φ_{-2}				
	$\theta_2 = \frac{1}{2}\lvert\varphi_{+2}-\varphi_{-2}\rvert$				
	平均 $\overline{\theta_2}$				

注：设定在实验操作者左侧一方为左，右侧一方为右。

表格中的“左游标”＝左侧的主尺（刻度盘）读数＋左侧的圆游标（角游标）读数。

表格中的“右游标”＝右侧的主尺（刻度盘）读数＋右侧的圆游标（角游标）读数。

每一条光谱线都有“左游标”与“右游标”二组数据。

根据上述实验测定的数据，通过下面运算，求出每厘米上的光栅缝数。

$$(a+b)_1 = \frac{\lambda}{\sin\overline{\theta_1}} = \underline{\qquad\qquad}\ \mathrm{m}$$

$$(a+b)_2 = \frac{2\lambda}{\sin\overline{\theta_2}} = \underline{\qquad\qquad}\ \mathrm{m}$$

平均：$\overline{(a+b)} = \frac{1}{2}\left[(a+b)_1 + (a+b)_2\right] = \underline{\qquad\qquad}\ \mathrm{m}$

单位长度光栅缝数＝$\frac{1}{\overline{a+b}} = \underline{\qquad\qquad}$ 条/m ＝ $\underline{\qquad\qquad}$ 条/cm。

六、问题讨论

1. 如果望远镜中看到叉丝像在叉丝的上面，而当平台转过 180°后看到的叉丝像在叉丝的下面，试问这时应该调节望远镜的倾斜度呢？还是应调节平台的倾斜度？反之，如果平台转过 180°后，看到的叉丝像仍然在叉丝上面，这时应调节望远镜呢？还是调节平台？

2. 利用小反射镜调节望远镜和载物台时，为什么反射镜的放置要选择 AC 的垂直平分线和平行于 AC 这两个位置？随便放行不行？为什么？

大学物理实验报告

学号＿＿＿＿＿＿　姓名＿＿＿＿＿＿　得分＿＿＿＿＿＿＿

实验室＿＿＿　日期＿＿＿年＿＿月＿＿日　星期＿＿第＿＿节

实验 7　单缝衍射及光波长测定

一、实验目的

1. 观察单缝衍射的图像。
2. 测定单色光波的波长。

二、实验器材

单缝衍射仪(WDY-1 型)、测距显微镜。

三、实验原理

画出单缝衍射光路图,并推导出 $-m$ 级暗纹和 n 级暗纹的间距公式,并说明式中每一个物理量的含义。给出入射光波长 λ 的表达式。

四、实验内容和步骤

五、数据记录与处理

单缝衍射仪读数窗口 6 的读数为____________mm

$L=125+$窗口读数$+3=$____________mm

表 1　用读数显微镜测狭缝宽度(单位:mm)

	第 1 次	第 2 次	第 3 次
狭缝左边缘读数 $a_{左}$			
狭缝右边缘读数 $a_{右}$			
狭缝宽度 $a=\|a_{右}-a_{左}\|$			
$\bar{a}$			

表 2　用单缝衍射仪测暗纹间距（单位：mm）

$-m$ 和 m 级暗纹的位置 l		第 1 次	第 2 次	第 3 次	$-m$ 级和 m 级暗纹间距 $l=\lvert l_m-l_{-m}\rvert$	$\lambda=\dfrac{al}{(m+m)L}$
l_{2-2}	l_{-2}					
	l_2					
l_{3-3}	l_{-3}					
	l_3					
l_{4-4}	l_{-4}					
	l_4					

钠光波长的平均值 $\bar{\lambda}=$

钠光波长的平均值与公认值（取 $\lambda=5.89\times10^{-4}\,\text{mm}$）的相对误差：

$$E=\frac{\lvert\bar{\lambda}-\lambda_{公认}\rvert}{\lambda_{公认}}\times100\%=$$

分析产生误差的原因：

六、问题讨论

1. 使用单缝衍射仪时，如果测微目镜不插到底会影响哪个实验值的误差？将使实验的结果偏大还是偏小？为什么？

2. 单缝衍射仪测量衍射条纹之间的距离 l 时，为什么目镜的读数鼓轮只能向一个方向移动？

3. 是否可以使用亮条纹代入公式(4)计算出波长？

大学物理实验报告

学号____________ 姓名____________ 得分________________

实验室______ 日期______年____月____日 星期____第____节

实验 8 等厚干涉及其应用——牛顿环和劈尖

一、实验目的

1. 从实验中加深理解等厚干涉原理及定域干涉的概念；
2. 掌握读数显微镜的调整与使用方法；
3. 测量牛顿环装置中的平凸透镜的曲率半径和利用劈尖测量薄膜厚度。

二、实验器材

读数显微镜、钠光灯、牛顿环、劈尖等。

三、实验原理

1. 等厚干涉原理

2. 劈尖干涉

3. 牛顿环干涉

牛顿环光路图

四、实验内容和步骤

1. 实验注意事项

2. 实验内容和步骤

五、数据记录与处理

1. 牛顿环干涉测定透镜曲率半径的数据记录表格

暗环数 k	左方读数 $L_k^{左}$(mm)	右方读数 $L_k^{右}$(mm)	直径 $d_k = \lvert L_k^{左} - L_k^{右} \rvert$(mm)
15			$d_{15} =$
14			$d_{14} =$
13			$d_{13} =$
12			$d_{12} =$
11			$d_{11} =$
10			$d_{10} =$
9			$d_9 =$
8			$d_8 =$
7			$d_7 =$
6			$d_6 =$

注意事项：

(1) 本实验所观察的是由反射光所形成的干涉条纹，而显微镜底座下面的平面镜是用观察透射光干涉现象的。

(2) 从最左边的第 15 暗环开始测量数据，依次是左边第 14 暗环、左边第 13 暗环、左边第 12 暗环、……、左边第 6 暗环。然后继续旋转鼓轮，一直到右边第 6 暗环开始测量数据，依次是右边第 7 暗环、右边第 8 暗环、右边第 9 暗环、……，直至右边第 15 暗环。

2. 用逐差法处理数据，并计算误差。

$$R_1 = \frac{(d_{11} + d_6)(d_{11} - d_6)}{20\lambda} = \qquad \text{(mm)}$$

$$R_2 = \frac{(d_{12} + d_7)(d_{12} - d_7)}{20\lambda} = \qquad \text{(mm)}$$

$$R_3 = \frac{(d_{13} + d_8)(d_{13} - d_8)}{20\lambda} = \qquad \text{(mm)}$$

$$R_4 = \frac{(d_{14} + d_9)(d_{14} - d_9)}{20\lambda} = \qquad \text{(mm)}$$

$$R_5 = \frac{(d_{15} + d_{10})(d_{15} - d_{10})}{20\lambda} = \qquad \text{(mm)}$$

$$\bar{R} = \frac{R_1 + R_2 + R_3 + R_4 + R_5}{5} = \qquad \text{(mm)}$$

$$\Delta R_1 = R_1 - \bar{R} = \qquad \text{(mm)}$$

$$\Delta R_2 = R_2 - \bar{R} = \qquad \text{(mm)}$$

$$\Delta R_3 = R_3 - \bar{R} = \qquad \text{(mm)}$$

$$\Delta R_4 = R_4 - \bar{R} = \qquad \text{(mm)}$$

$$\Delta R_5 = R_5 - \bar{R} = \qquad \text{(mm)}$$

$$\sigma_R = \sqrt{\frac{1}{k-1}\left[\sum_{i=1}^{k}(R_i - \bar{R})^2\right]}$$

$$=$$

凸透镜曲率半径的测量结果为：$R=\bar{R}\pm\sigma_R=$

六、问题讨论

1. 计算 R 时，用 $d_{15}-d_{14}$，$d_{14}-d_{13}$，……来组合行吗？如果这样对结果有何影响？用逐差法处理数据有何条件？有何优点？

2. 如果平面玻璃板上有微小的凸起，则凸起处空气厚度减小干涉发生畸变，此时牛顿环的局部将外凸还是内凹？为什么？

大学物理实验报告

学号＿＿＿＿＿＿　姓名＿＿＿＿＿＿　得分＿＿＿＿＿＿＿＿

实验室＿＿＿　日期＿＿＿年＿＿月＿＿日　星期＿＿第＿＿节

实验 9　等倾干涉及应用——迈克尔逊干涉仪

一、实验目的

1. 了解迈克尔逊干涉仪的结构，掌握其调节和使用方法。
2. 了解等倾干涉原理，观察等倾干涉形成条件及变化规律。
3. 掌握使用迈克尔逊干涉仪测量入射光波长的方法。

二、实验器材

迈克尔逊干涉仪（WSM－100），HND－7 型多光束光纤激光器，扩束透镜。

三、实验原理

1. 等倾干涉原理

迈克尔逊干涉仪是利用分振幅的方法产生双光束来实现干涉的。由于光束(1)和(2)均来自同一光源 S，在到达 P_1 后被分成(1)和(2)两光，所以两光是相干光。当 M_1 与 M_2 严格平行时，空气膜厚度相同，所发生的干涉为等倾干涉，可以观察到由一系列同心圆环组成的等倾干涉条纹。

在右边的框内画出**等厚干涉光路图**。

2. 光谱波长的测量

四、实验内容与步骤

1. 迈克尔逊干涉仪非定域干涉条纹的调节

(1) 打开激光电源，调整升降台使 He - Ne 激光器的激光大致垂直于反射镜 D。即调节 He - Ne 激光器的高低左右位置，使被反射镜 D 反射回来的光束按原路返回(尽可能回到激光器的出光口)。

(2) 使反射镜 C 与 D 互相垂直。激光器的出光口所在面板(外壳)上，可看到分别由反射镜 D 和 C 反射至屏的两排光点，每排光点的中间两个较亮，旁边的亮度依次减弱。调节反射镜 D 和 C 背面的三个螺钉，使两排光点中对应亮度的光点一一重合，这时反射镜 D 与 C 就大致互相垂直。

(3) 在 He - Ne 激光器的光路中加入扩束镜(短焦距透镜)，使扩束光照在分光镜 A 上，此时在屏上一般会出现干涉条纹，再调节干涉仪的细调拉簧微动螺钉 F 和 E，使能在观察屏上看到位置适中、清晰可辨的圆环状非定域干涉条纹。

如果没有出现干涉条纹，应该移走扩束镜，从(1)开始调节。直到将干涉圆环的中心调至光屏的正中。

2. 测定 He - Ne 激光的波长

(1) 读数刻度基准线的调整。转动微动手轮至条纹变化稳定后，使读数基准线与刻度鼓轮上某一刻度线对准，转动微动手轮，使 0 刻度线对准基准线。

(2) 测量激光波长。读出补偿镜 B 的初位置 d_0，继续沿顺时针方向缓慢转动鼓轮 H(使程差增大)则可以清晰地看到圆环一个一个地从中央"冒出"(反之则"吞没")。每当"冒出"50 个完整的圆环时，读取一次补偿镜 B 的位置 d_i，连续测量 9 个 d_i 值。每测一个 d_i，可以算出其与前一个位置的 $\Delta d_i=|d_{i+1}-d_i|$，并及时核对检查测量是否正确。

五、数据记录与处理

每数 50 条记录一个读数，直到记录至 450 条。

条纹移动数 K_1	0(初始)	50	100	150	200
C 镜位置 d_1 (mm)					
K_1	250	300	350	400	450
C 镜位置 d_2 (mm)					
$\Delta K = K_2 - K_1$	250	250	250	250	250
$\Delta d = d_2 - d_1$ (mm)					
$\lambda = \frac{2\Delta d}{\Delta K}$					
$\bar{\lambda}$					

$$E = \frac{|\lambda - \bar{\lambda}|}{\lambda} \times 100\% =$$

六、问题讨论

1. 调节迈克尔逊干涉仪时看到的亮点为什么是两排而不是两个？两排亮点是怎样形成的？

2. 迈克尔逊干涉仪中，补偿板 G_2 和分光板 G_1 的作用分别是什么？

大学物理实验报告

学号__________ 姓名__________ 得分__________

实验室_____ 日期_____年___月___日 星期___第___节

实验 10 电信号发生与采集

一、实验目的

1. 了解信号发生的模拟和直接数字合成技术;
2. 了解示波器的模拟和数字技术原理和特点;
3. 掌握信号发生器和数字示波器的使用方法。

二、实验器材

数字示波器(Tektronix, TBS1102B - EDU)、双通道 DDS 信号发生器(Tektronix, AFG1022)、BNC(Bayonet Neill-Concelman)接口电缆。

三、实验原理

1. 电学信号发生技术(重点阐述 DDS 技术)

2. 电学信号采集技术(重点阐述 DSO 技术)

四、实验内容与步骤

1. 实验注意事项

2. 实验内容与步骤

2.1 测试信号波形参数

将待测信号从示波器的通道送入,调整信号源和示波器,直到示波器屏幕上出现稳定的波形。此时,被测信号的参数计算如下:

周期:$T=L\times M$ (s);频率:$f=1/T$ (Hz);幅度:$V_{pp}=P\times V$ (V)

式中的 L 为信号一个周期的波形在示波器屏幕上所占的格子数(需估读);M 为水平(时间)扫描范围对应的数据(在示波器屏幕下方,例如 $M=5$ μs 代表水平方/时间参数为 5.0 μs/格;P 为波形在垂直方向所占格数(需估读);V 为垂直方向的电压放大倍数(示波器屏幕左下方 CH1 或 CH2 右侧的数据,例如 CH1 500.0 mV 和 CH2 10.0 V,代表当前通道 CH1 和 CH2 的垂直放大倍数分别为 500.0 mV/格和 10.0 V/格)。

表 1　波形参数测试记录及处理

实验波形	DDS 信号源			数字示波器							
	通道	信号频率(Hz)	信号幅度(V)	波形记录	通道	水平格 L(格)	垂直格 P(格)	水平放大 M(s)	垂直放大 V(V)	频率 $f=1/(L\times M)$	幅度 $V_{pp}=P\times V$
正弦											
三角											
矩形											

2.2　李萨茹图形及运用

(1) 两个互相垂直相同频率简谐振动的合成

表 2　李萨茹图形观测不同相位的同频振动合成

信号源 CH1/2 的频率 $f_x=f_y$(kHz)	10.000	10.000	10.000	10.000	10.000	10.000	10.000	10.000	10.000
相位差(°)	0	45	90	135	180	225	270	315	360
李萨茹图形									

(2) 两个互相垂直不同频率简谐振动的合成

表 3　李萨茹图形观测不同频率的振动合成

信号源 CH1 的频率 f_x(Hz)	1 000.00				
N_x	1	1	1	2	3
N_y	2	3	4	3	2
信号源 CH2 的频率 $f_y=f_xN_x/N_y$(Hz)	500.00				
李萨如图形					

五、问题与讨论

1. 在工作原理上，模拟实时（ART）与数字存储（DSO）两种示波器技术的本质差异是什么？

2. 模拟实时（ART）与数字存储（DSO）两种示波器的各自优点和缺点是什么？

3. 在工作原理上，模拟信号源（ASG）与直接数字合成（DDS）两种技术的本质区别是什么？

4. 直接数字合成器（DDS）与模拟信号发生器（ASG）相比，其技术优势是什么？

5. 结合自己的专业，谈谈数字示波器和DDS信号源在科学研究与工程技术方面的应用。

大学物理实验报告

学号____________ 姓名____________ 得分________________

实验室______ 日期______年____月____日 星期____第____节

实验 11 超声声速测定

一、实验目的

1. 了解超声换能器的工作原理和功能；
2. 学习不同方法测定声速的原理和技术；
3. 测定声波在空气中的传播速度。

二、实验器材

数字示波器(Tektronix，TBS1102B－EDU)、双通道 DDS 信号发生器(Tektronix，AFG1022)、BNC(Bayonet Neill-Concelman)接口电缆、声速测试架、信号分配器。

三、实验原理

1. 压电超声换能器概述

2. 超声波长和速度测量方法

(1) 驻波法测超声波长和速度

(2) 相位比较(李萨茹图形)法测超声波长和速度

(3) 时差法测超声波速度

四、实验内容与步骤

1. 实验注意事项

2. 实验内容与步骤

(1) 驻波法测量超声波长和速度

(2) 相位比较(李萨茹图形)法测超声波长和速度

(3) 时差法测超声波长和速度

五、数据记录与处理

1. 实验初始数据记录

换能器谐振频率 $f_r=$______kHz，实验环境温度 $T=$______℃，声速 $v_s=$______m/s。

2. 驻波法测超声波的速度和波长

表 1　驻波法测试数据记录表

次数	i	1	2	3	4	5	6	7	8	9	10
位置(mm)	l_i										
	l_{i+10}										
波长(mm)	$\lambda_i=\frac{\lvert l_{i+10}-l_i\rvert}{5}$										
	$\bar{\lambda}=\sum_{i=1}^{10}\frac{\lambda_i}{10}$										
声速(m/s)	$v=\bar{\lambda}\times f_r$										

3. 相位法测超声波的速度和波长

表 2　相位法测试数据记录表

次数	i	1	2	3	4	5	6	7	8	9	10
位置(mm)	l_i										
	l_{i+10}										
波长(mm)	$\lambda_i=\frac{\lvert l_{i+10}-l_i\rvert}{5}$										
	$\bar{\lambda}=\sum_{i=1}^{10}\frac{\lambda_i}{10}$										
声速(m/s)	$v=\bar{\lambda}\times f_r$										

4. 时差法测超声波的速度和波长

表 3　时差法测试数据记录表

次数	i	1	2	3	4	5	6	7	8	9	10
位置(mm)	l_i										
时间	t_i										
声速(m/s)	$v_i=\frac{l_{i+5}-l_i}{t_{i+5}-t_i}$										
	$\bar{v}=\sum_{i=1}^{5}\frac{v_i}{5}$										

六、问题与讨论

1. 声速测量中的驻波法、相位比较法、时差法有何异同?

2. 声音在不同介质中传播有何区别?声速为什么会不同?

3. 为什么换能器要在谐振频率下进行声速测定,如何找到谐振频率点?

大学物理实验报告

学号__________ 姓名__________ 得分__________

实验室______ 日期______年____月____日 星期____第____节

实验 12 液体表面张力系数和粘滞系数的测定

一、实验目的

1. 掌握拉脱法测液体表面张力的原理,并用物理学概念和定律进行分析;
2. 掌握测量液体粘滞系数的测量及计算方法,掌握拉力传感器的数据定标方法;
3. 了解泊肃叶公式及其应用。

二、实验器材

LB-TVC 液体表面张力/粘滞系数测量仪。

三、实验原理

四、实验内容与步骤

1. 拉力计定标

2. 水的表面张力系数测定

3. 测定水的粘滞系数

五、数据记录与处理

1. 拉力计定标

表 1　拉力计灵敏度测算实验数据

序号	拉力计输出电压 U_i(mV)	增加的砝码质量 m(500 mg)	灵敏度 $K=16mg\left(\sum_{5}^{8}U_i-\sum_{1}^{4}U_j\right)^{-1}$
1		0	
2		1	
3		2	
4		3	
5		4	
6		5	
7		6	
8		7	

2. 测表面张力系数

表 2　表面张力系数测定

铝环内径__33__mm　铝环外径__35__mm　U_0=___mV					
次序	1	2	3	4	5
U(mV)					
平均值 $\bar{U}$					

$$\sigma=\frac{K(\bar{U}-U_0)}{\pi(d_1+d_2)}=\_\_\_\_\_\_\_\_\_\_$$

3. 测定水的粘滞系数

毛细管内径 $2R$：__1.0__mm；毛细管长度 L：__150__mm；毛细管在圆筒上的高度 h_0=__50__mm；蓄水筒内径 d：__74__mm；待测液体种类：__水__。

表 3　流体法测粘滞系数

序号	1	2	3	4	5	6	7	8	9
液面高度 h (cm)									
净高度 y									
时间 t(s)									
ln(y)									

根据表 3 数据，在坐标纸上作 $-\ln y-t$ 图。
由图示得到曲线斜率 k=__________。

计算得到粘滞系数：

$$\eta=\frac{\rho g R^4}{2kLd^2}=\_\_\_\_\_\_\_\_\_\_\_\_\_\_\_\_。$$

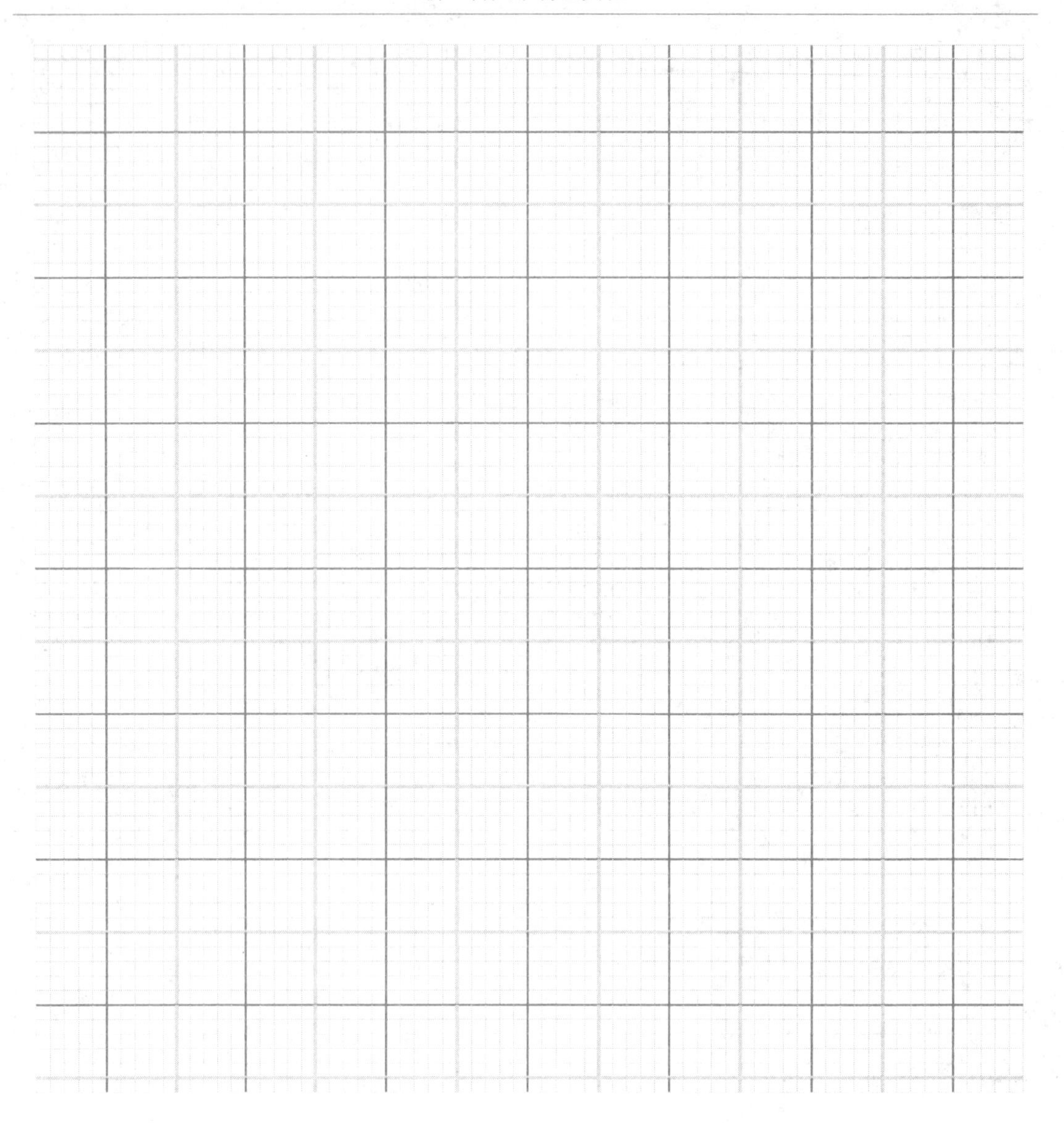

六、问题与讨论

1. 测表面张力系数过程中，会发现随水流的排出，拉力指示会出现先增大后回落的趋势，试分析其原因。

2. 试分析在实验中有哪些因数影响了液体粘滞系数的准确性？

大学物理实验报告

学号＿＿＿＿＿＿ 姓名＿＿＿＿＿＿ 得分＿＿＿＿＿＿＿＿

实验室＿＿＿ 日期＿＿＿年＿＿月＿＿日 星期＿＿第＿＿节

实验 13 光电效应及普朗克常数测定

一、实验目的

1. 了解光电效应的基本原理,验证光电流的产生机制。

2. 通过测截止电压及其与频率的关系,验证爱因斯坦光电效应方程,求出普朗克常量,从而了解光的量子性。

3. 扩展部分:利用光电效应测量光电阻、光电池、光电二极的基本物理特性。

二、实验器材

LB－PH4A 光电综合实验仪。

三、实验原理

四、实验内容与步骤

1. 测试前准备

2. 测光电管的伏安特性曲线

3. 验证光电流与入射光通量成正比

4. 测普朗克常数

（1）拐点法

（2）零电流法

五、数据记录与处理

1. 光电管伏安特性数据

表 1　测光电管的伏安特性曲线

λ=577.0 nm　光阑=________mm　距离=________cm

V_{KA}(V)	−2	−1	0	1	2	5	8	11	15	19
I_{KA}($\times10^{-10}$A)										

由表 1 在图 1 中作出 $I_{KA}-V_{KA}$ 曲线。

2. 验证光电流与入射光强成正比

表 2　光电流与入射光强关系

λ=365.0 nm　U_{KA}=18 V　距离=________cm

光阑孔径	2 mm	4 mm	8 mm	10 mm	12 mm
光阑面积 S（mm^2）					
I_{KA}($\times10^{-10}$A)					

由表 2 在图 2 中作出 $I_{KA}-S$ 曲线。

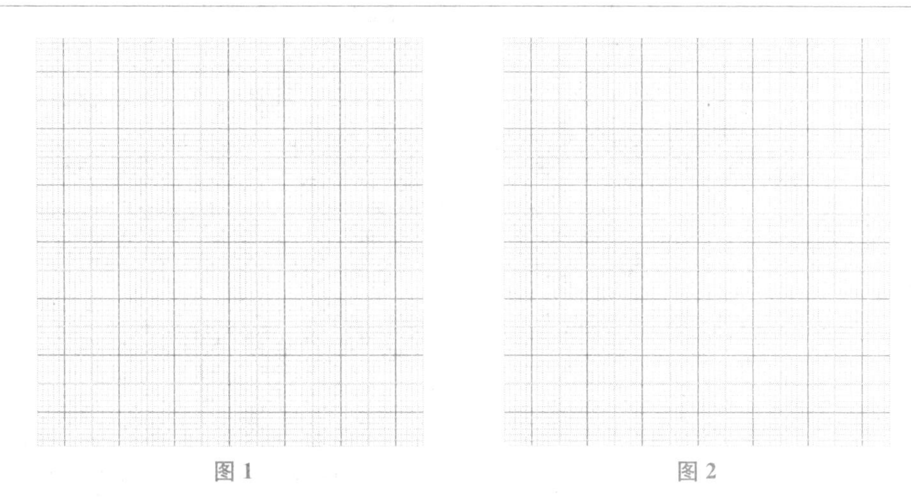

图 1　　　　图 2

3. 拐点法测普朗克常数:将电压选择按键置于−2—+2 V 档。

表 3　拐点法测普朗克常数

光阑=________mm　　距离=________cm

365 nm		405 nm		436 nm		546 nm		577 nm	
V_{KA}(V)	$I(\times 10^{-13}$A)	V_{KA}(V)	$I(\times 10^{-13}$A)	V_{KA}(V)	$I(\times 10^{-13}$A)	V_{KA}(V)	$I(\times 10^{-13}$A)	V_{KA}(V)	$I(\times 10^{-13}$A)

由表 3 在图 3 中作出 I_{KA}-U_{KA} 曲线,并由曲线找到各波长对应的截止电压 U_0 填入表 4。

表 4

波长 nm	365	405	436	546
频率($\times 10^{14}$ Hz)	8.22	7.41	6.88	5.49
$-V_0$(V)				

由表 4 在图 4 中作出一条 V_0-ν 直线,求出直线的斜率 k。可用 $h=k\cdot e$ 求出普朗克常数,并与理论值比较,求出相对误差。

$k=$__________　　$h=$__________　　$E=\dfrac{|h-h_0|}{h_0}\times 100\%=$__________

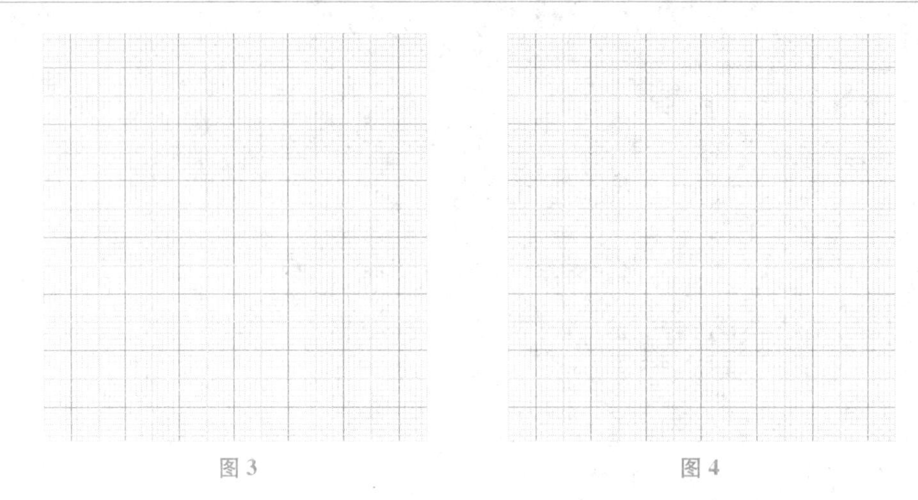

图 3　　　　图 4

4. 零电流法测普朗克常数

将电压选择按键置于$-2\sim+2$ V 档，将“电流量程”选择开关置于 10^{-13}档；从低到高调节电压，测量该波长对应的 $I_{KA}=0$ 时 U_0的值，填入表 5。

表 5

光阑孔径=4 mm　　距离=______cm

波长 nm	365	405	436	546
频率($\times10^{14}$ Hz)	8.22	7.41	6.88	5.49
$-V_0$(V)				

由表 5 在图 4 中用不同颜色的笔作出一条 V_0-ν 直线，求出直线的斜率 k。可用 $h=k\cdot e$ 求出普朗克常数，并与理论值比较，求出相对误差。

$k=$______　$h=$______　$E=\frac{|h-h_0|}{h_0}\times100\%=$______

比较两种测普朗克常数方法的优劣。

六、问题与讨论

1. 实测的光电管的伏安特性曲线与理想曲线有何不同？“抬头点”的确切含义是什么？

2. 当加在光电管两极间的电压为零时，光电流却不为零，这是为什么？

3. 实验结果的精度和误差主要取决于哪几个方面？

大学物理实验报告

学号__________ 姓名__________ 得分______________

实验室_____ 日期_____年___月___日 星期___第___节

实验 14 霍尔效应及其应用

一、实验目的

1. 掌握霍尔效应原理及霍尔元件有关参数的含义和作用。

2. 测绘霍尔元件的 V_H-I_S，V_H-I_M曲线，了解霍尔电势 V_H 与工作电流 I_S、磁感应强度 B 及励磁电流 I_M之间的关系。

3. 计算样品的载流子浓度以及迁移率。

4. 学习用“对称交换测量法”消除负效应产生的系统误差。

二、实验器材

ZC1510 型霍尔效应实验仪。

三、实验原理

四、实验内容与步骤

1. 测量霍尔元件的零位（不等位）电势 V_0 和不等位电阻 R_0

2. 测量霍尔电压 V_H 与工作电流 I_S 的关系

3. 测量霍尔电压 V_H 与励磁电流 I_M 的关系

4. 计算霍尔元件的灵敏度

5. 测量样品的电导率

五、数据记录与处理

1. 霍尔片的厚度 $d=0.2$ mm，宽度 $l=1.5$ mm，长度 $L=1.5$ mm

双线圈的励磁电流与总磁感应强度对应表如下：

表1　双线圈磁场的直流电流与磁感应强度对应数值

直流电流值 I_M(A)	0.100	0.200	0.300	0.400	0.500
中心磁感应强度 B(mT)	2.25	4.50	6.75	9.00	11.25

2. 测量霍尔元件的零位(不等位)电势 V_0 和不等位电阻 R_0

调节 $I_M=0$ A，$I_S=3.00$ mA，改变霍尔工作电流 I_S 的方向，分别测出零位霍尔电压 V_{01} =________、V_{02} =________，计算不等位电阻：$R_{01}=V_{01}/I_S$ =________，$R_{02}=V_{01}/I_S$ =________。

3. 测量霍尔电压 V_H 与工作电流 I_S 的关系

表2　V_H-I_S($I_M=500$ mA)实验数据

I_S(mA)	V_1(mV)	V_2(mV)	V_3(mV)	V_4(mV)	$V_H=\frac{V_1-V_2+V_3-V_4}{4}$(mV)
	$+I_S+I_M$	$+I_S-I_M$	$-I_S-I_M$	$-I_S+I_M$	
0.50					
1.00					
1.50					
2.00					
2.50					
3.00					
3.50					
4.00					

4. 测量霍尔电压 V_H 与励磁电流 I_M 的关系

表3　V_H-I_M($I_S=3.00$ mA)实验数据

I_M(mA)	V_1(mV)	V_2(mV)	V_3(mV)	V_4(mV)	$V_H=\frac{V_1-V_2+V_3-V_4}{4}$(mV)
	$+I_S+I_M$	$+I_S-I_M$	$-I_S-I_M$	$-I_S+I_M$	
100					
150					
200					
250					
300					
350					
400					

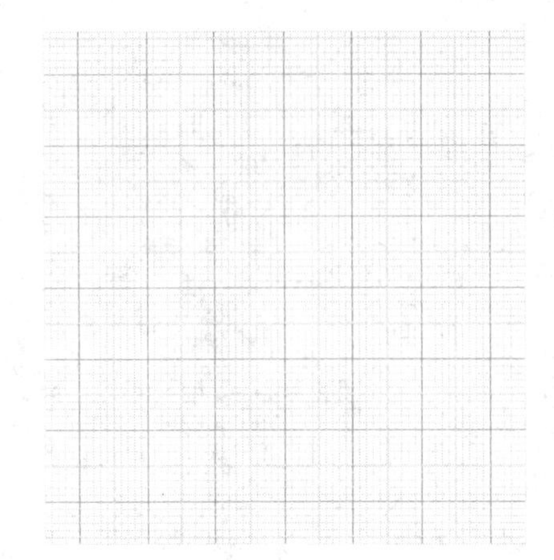

根据表 2 的数据，画出 V_H-I_S 曲线，并计算霍尔灵敏度 K_H

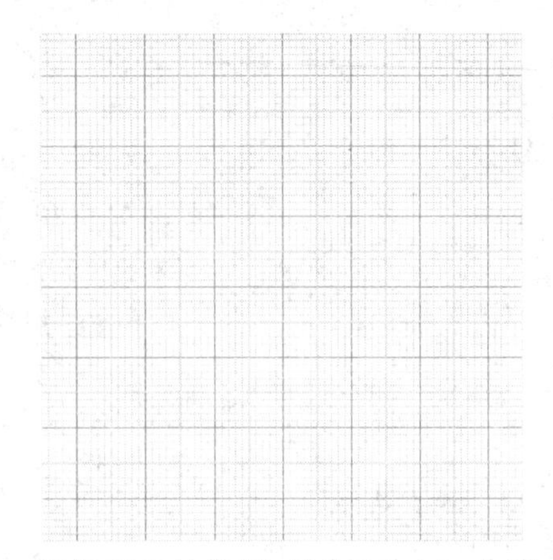

根据表 3 的数据，绘制 V_H-I_M 曲线

$$K_H = \frac{V_H}{I_S B} =$$

5. 测量样品的电导率，断开 I_M 键（即 $B=0$）

取 $I_S=0.10$ mA，测得 $V_{\sigma 1}=$______V；取 $I_S=-0.10$ mA，测得 $V_{\sigma 2}=$______V。取绝对值再求平均即得 $V_\sigma=$______V。

已知霍尔片的厚度 $d=0.2$ mm、宽度 $l=1.5$ mm、长度 $L=1.5$ mm，则

根据公式(10)，计算半导体材料的电导率 $\sigma = \frac{I_S L}{V_\sigma l d} =$________。

根据公式(4)，计算半导体材料的载流子浓度 n 和载流子的迁移率 μ：

$n=$

$\mu=$

大学物理实验报告

学号__________ 姓名__________ 得分__________

实验室_____ 日期_____年____月____日 星期____第____节

实验 15 密立根油滴仪测电子电荷

一、实验目的

1. 通过观测带电油滴在重力场和静电场中运动,验证电荷不连续性,并测定电子电荷值。

2. 通过对仪器的调整、油滴的选择、耐心地跟踪和测量以及数据的处理,培养学生严谨的科研方法和态度。

二、实验器材

密里根油滴仪、CCD 成像系统、喷雾器、钟表油(中华牌 701)。

三、实验原理

四、实验内容和步骤

五、数据记录和处理

表 1　实验数据记录表格

油滴编号	平衡电压(V)	油滴匀速下落(或上升 1 mm)的时间(s)						油滴所带电量(C) $q=\frac{5.05\times10^{-15}}{[t(1+0.0300\sqrt{t})]^{3/2}}V$
		t_1	t_2	t_3	t_4	t_5	$\bar{t}$	
1								
2								
3								
4								
5								
6								
7								

1. 计算上表中每个油滴的平均下落(或上升)时间和电量。

2. 计算每个油滴所带的电子数目及电子的电荷值:

为了证明电荷的不连续性和所有电荷都是基本电荷 e 的整数倍，并得到基本电荷 e 值，应该对实验测得的各个电荷值求最大公约数。这个最大公约数就是基本电荷 e 值，也就是电子的电荷值。但由于实验仪器测量的误差可能较大，求最大公约数就比较困难。本实验采用“倒过来验证”的办法进行数据处理：即用公认电子电量（$e=1.60\times10^{-19}$库仑）去除实验测得的每个油滴上的电荷 q，得到一个接近于某整数的数值 n，再用这个 n 去除测得的油滴上的电荷 q，即得电子的电荷值 e。依此，计算每个油滴，填入表 2。

表 2　计算油滴上的电子数和电子电荷值

油滴序号	1	2	3	4	5	6	7
油滴电量 q （$\times10^{-19}$C）							
电子数 n							
电子电荷 e（$\times10^{-19}$C）							

3. 由表 2 计算电子电荷的平均值及相对误差。

$\bar{e}=$

$$E=\frac{|\bar{e}-e_{标准}|}{e_{标准}}=$$

4. 分析误差产生的主要原因（1～2 条）。

六、问题讨论

1. 分析油滴下落太快或者太慢将会导致哪些物理量的测量误差增大?

2. 请分析引起油滴在水平方向漂移的可能原因(1～2 条)。

大学物理实验报告

学号__________ 姓名__________ 得分__________

实验室_____ 日期_____年___月___日 星期___第___节

实验 16 半导体 PN 结正向压降温度特性及其应用

一、实验目的

1. 测量同一温度的 PN 结正向电压随正向电流的变化关系，绘制伏安特性曲线；
2. 测定不同温度的 PN 结正向电压，确定其灵敏度，估算 PN 结材料的禁带宽度；
3. 根据 PN 结的正向电压和电流特性参数，计算玻尔兹曼常数 k。

二、实验器材

PN 结特性实验仪。

三、实验原理

1. PN 结正向电流和压降特性

2. 估算 PN 结温度传感器的灵敏度和禁带宽度

3. 求波尔兹曼常数

四、实验注意事项

五、实验内容与数据记录

1. 测量同一温度的正向电压随正向电流的变化，绘制伏安特性曲线，计算玻尔兹曼常数。

表 1　同一温度下正向电压与正向电流的关系　$T=$______℃

序号	1	2	3	4	5	6	7	8	9	10
$I_F/\mu A$										
V_F/V										
序号	11	12	13	14	15	16	17	18	19	20
$I_F/\mu A$										
V_F/V										
序号	21	22	23	24	25	26	27	28	29	30
$I_F/\mu A$										
V_F/V										
序号	31	32	33	34	35	36	37	38	39	40
$I_F/\mu A$										
V_F/V										

根据表 1 绘制伏安特性曲线，计算玻尔兹曼常数 $k=$________________。

2. 在同一恒定正向电流条件下，测绘 PN 结正向压降随温度的变化曲线，确定其灵敏度。

表 2　相同 I_F 的正向电压与温度的关系　　$I_F=$ ______ μA

序号	1	2	3	4	5	6	7	8	9	10
t/℃										
T/K										
V_F/V										
序号	11	12	13	14	15	16	17	18	19	20
t/℃										
T/K										
V_F/V										

根据表 2 的实验数据，测绘 PN 结正 V_F-T 曲线，其斜率就是灵敏度 $S=$ ______ mV/K；截距 $V_{g(0)}=B=$ ______ V，将其换算成电子伏特量纲 $E_{g(0)}=qV_{g(0)}$ 就是禁带宽度 $E_{g(0)}=$ ______ eV。

大学物理实验报告

学号＿＿＿＿＿＿　姓名＿＿＿＿＿＿　得分＿＿＿＿＿＿＿＿

实验室＿＿＿　日期＿＿＿年＿＿月＿＿日　星期＿＿第＿＿节

实验 17　交流电桥及其应用

一、实验目的

掌握交流电桥的原理和电桥平衡调节方法,并用交流电桥测量电感和电容。

二、实验器材

信号发生器、开关、标准电阻、标准电容、待测电感、待测电容、电压检测器(扬声器)、连接导线。

三、实验原理

四、实验内容和步骤

1. 利用交流电桥测电感

（1）根据交流电桥电路图，正确连线。

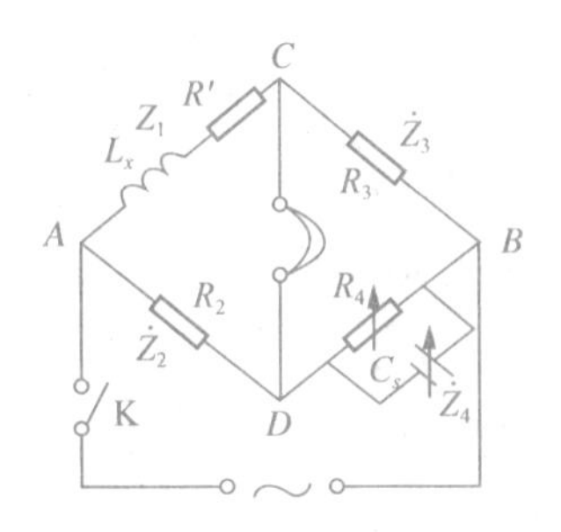

（2）选择合适的三组 R_2 及 R_3，调节电桥平衡，记录有关数据，求出各组的电感值 $L_{x'}$、电感的损耗电阻 $R_{x'}$。最后，计算出平均值 L_x、R_x 和电感的品质因数 Q。

（3）测量、记录相关数据，并计算出实验结果。

2. 利用交流电桥测电容

（1）根据交流电桥电路图，正确连线。

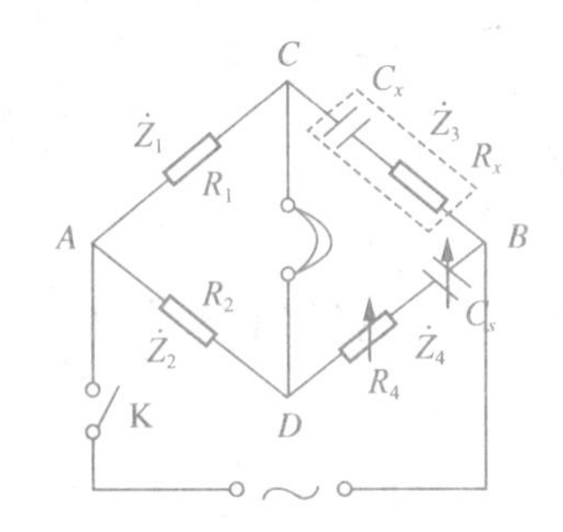

（2）选择合适的三组 R_1 及 R_2，调节电桥平衡，记录有关数据，求出各组的电容值 $C_{x'}$、电容的损耗电阻 $R_{x'}$。最后，计算出平均值 C_x 和 R_x。

（3）测量、记录相关数据，并计算出实验结果。

五、数据记录和处理

1. 利用交流电桥测电感

选择合适的三组 R_2 及 R_3，调节电桥平衡，记录有关数据，求出各组的电感值 $L_{x'}$、电感的损耗电阻 $R_{x'}$。

交流信号源频率(Hz)=______；$R_1(\Omega)$=______；$R_4(\Omega)$=______；$C_s(\mu F)$=______。

序号	1	2	3
$R_2(\Omega)$			
$R_3(\Omega)$			
$L_{x'}(H)$			
$R_{x'}(\Omega)$			

电感值 $L_x(H)$=______；损耗电阻 $R_x(\Omega)$=______；电感的品质因数 Q=______。

2. 利用交流电桥测电容

选择合适的三组 R_2 及 R_3，调节电桥平衡，记录有关数据，求出各组的电容值 $C_{x'}$、电容的损耗电阻 $R_{x'}$。

交流信号源频率(Hz)=______；$R_3(\Omega)$=______；$R_4(\Omega)$=______；$C_s(\mu F)$=______。

序号	1	2	3
$R_1(\Omega)$			
$R_2(\Omega)$			
$C_{x'}(\mu F)$			
$R_{x'}(\Omega)$			

电容值 $C_x(\mu F)$=______；损耗电阻 $R_x(\Omega)$=______。

六、问题讨论

1. 本实验所用的平衡指示器是否足够的灵敏？如果选用灵敏度比它高或低的平衡指示器，后果如何？

2. Q 值的物理意义是什么？

大学物理实验报告

学号＿＿＿＿＿＿　姓名＿＿＿＿＿＿　得分＿＿＿＿＿＿＿＿

实验室＿＿＿　日期＿＿＿年＿＿月＿＿日　星期＿＿第＿＿节

实验 18　磁性材料动态磁滞回线的测量

一、实验目的

1. 掌握铁磁材料动态磁滞回线的概念及其测量原理和方法；
2. 在理论和实际应用上深入认识和理解磁性材料的重要特性。

二、实验器材

可调隔离变压器(型号 GY-4)、双通道或四通道示波器、螺绕环(待测磁性材料)、交流电流表、标准电阻和电容、标准互感器。

三、实验原理

1. 铁磁材料的磁滞性质

2. 示波器测量磁滞回线的原理

图 1 所示为示波器测动态磁滞回线的原理电路。实验时，将示波器设置成 XY 模式。将样品制成闭合的环形，然后均匀地绕以磁化线圈 N_1 及次级线圈 N_2，即所谓的螺绕环。交流电压 u 加在磁化线圈上，R_1 为电流取样电阻，其两端的电压 u_1 加到示波器的 x 轴输入端

上(x 通道)。次级线圈 N_2与电阻 R_2和电容串联成一回路。电容 C 两端的电压 u 加到示波器的 y 轴输入端上(y 通道)。

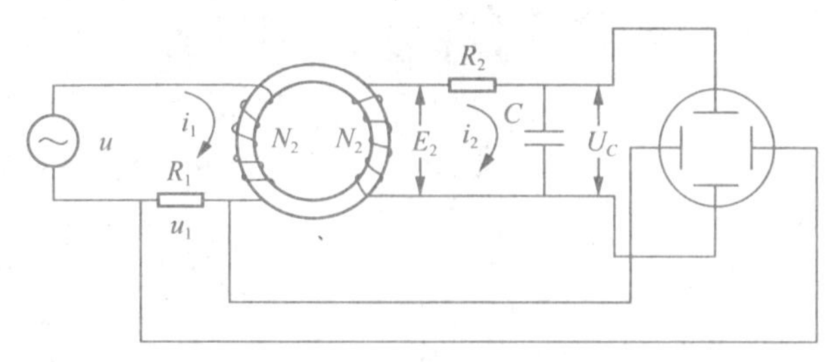

图 1　用示波器测动态磁滞回线的原理

(1) u_x(x 通道)与磁场强度 H 的关系。

(2) u_C(y 通道)与磁感应强度 B 的关系。

(3) 测量标定

① x 轴(磁场强度 H)标定

② y 轴(磁感应强度 B)标定

四、实验内容和步骤

1. 仪器的调节

2. 测量动态磁滞回线以及基本磁化曲线

五、数据记录和处理

1. 饱和磁滞回线

测量的物理量	H_m	B_m	H_c	B_r	$-H_c$	$-B_r$	$-H_m$	$-B_m$
示波器屏幕格数								

2. 基本磁化曲线

电压(V)	10	20	30	40	50	60	70	80	90	100
U_x(小格)										
U_y(小格)										
H_m(A/m)										
B_m(T)										
μ_a										

初始磁导率 $\mu_{a0}=$____________;最大磁导率 $\mu_{am}=$____________。

3. 标定磁场强度 H

电流(A)	0.02	0.04	0.06	0.08	0.10	0.12
M_x(小格)						
屏幕单格代表的 H_0(A/m)						

示波器屏幕水平方向 50 mV 对应的 H_0(A/m)=__________。

4. 标定磁感应强度 B

电流(A)	0.05	0.10	0.15	0.20	0.25	0.30
M_y(小格)						
屏幕单格代表的 B_0(T)						

示波器屏幕垂直方向 0.1 V 对应的 B_0(T)=__________。

六、问题讨论

1. 电流取样电阻 R_1 的值为什么不能取太大?

2. 电压 u_c 对应的是 H 还是 B? 请说明理由?

3. 测量回线要使材料达到磁饱和,退磁也应从磁饱和开始,意义何在?

大学物理实验报告

学号____________ 姓名____________ 得分________________

实验室______ 日期______年____月____日 星期____第____节

实验 19 磁电式电表的改装与校准

一、实验目的

1. 掌握测量表头内阻的方法；
2. 学会电流表和电压表的扩量程参数计算和实验改装校正。

二、实验器材

小量程磁电式表头、电阻箱、万用表、伏特表、安培表、导线、电键、电源、滑动变阻器等。

三、实验原理

1. 表头内阻 R_g 的测量方法

本实验采用的表头为量程为 1 mA 的电流表，运用替代法和半偏法测表头内阻 R_g 的原理图如下：

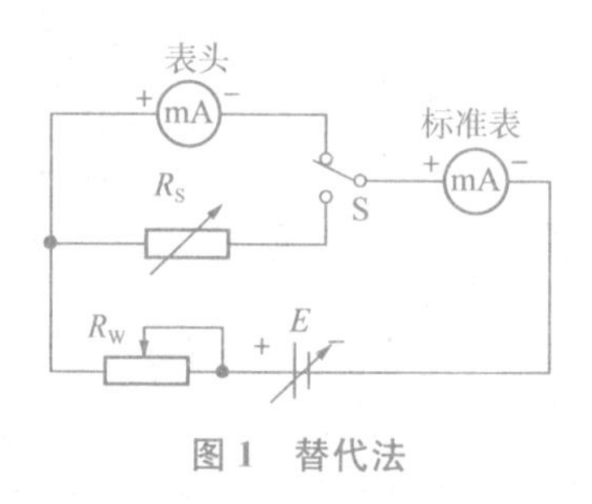

图 1 替代法

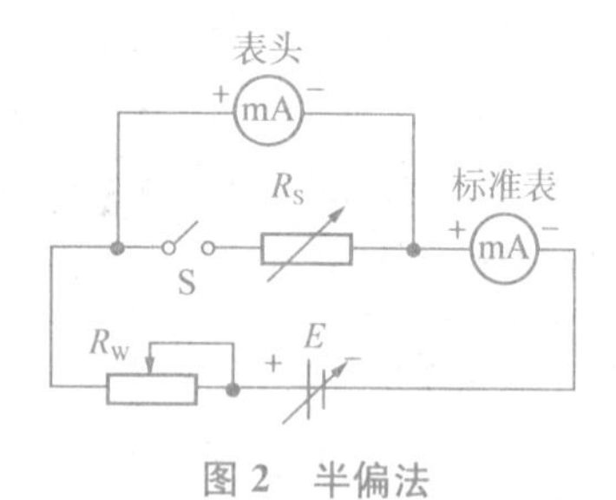

图 2 半偏法

2. 改装表头

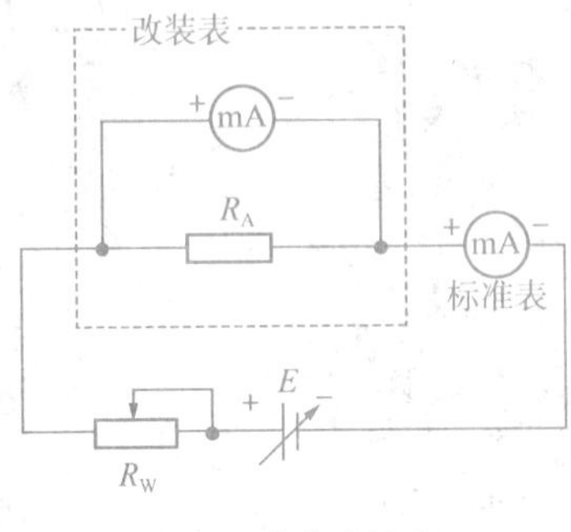

图 3　改装电流表

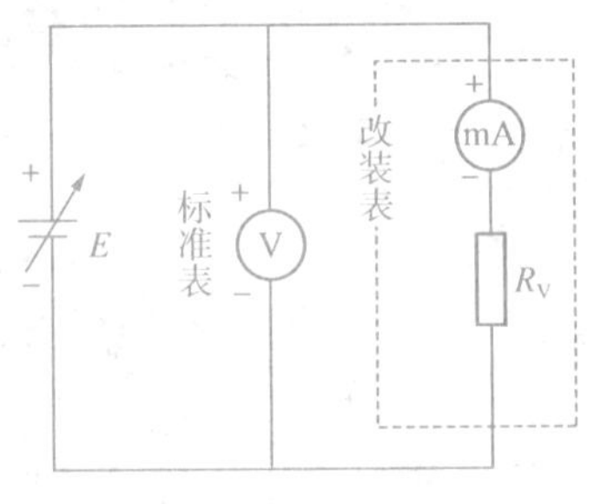

图 4　改装电压表

改装电流表的分流电阻 R_A 的计算公式为 $R_{A理}=\frac{1}{n-1}R_g$

改装电压表的扩程电阻 R_V 的计算公式为 $R_{V理}=\frac{V}{I_g}-R_g$

四、实验内容和步骤

1. 实验注意事项

(1) 实验前认真检查各表的零点。

(2) 通电前必须检查电路连接是否正确,防止短路造成大电流烧毁仪器。

2. 实验内容和步骤

(1) 利用替代法和半偏法,设计方案测量电表的内阻。

(2) 设计电路方案,将量程为 1 mA 的表头扩充为 5 mA 的电流表,并校准。

(3) 设计电路方案,将量程为 1 mA 的表头扩充为 1 V 的电压表,并校准。

(4) 设计数据记录表格,记录电表改装的实验数据并进行处理。

五、数据记录和处理

1. 测试表头内阻

按图 1 或图 2 接线，用半偏法或替代法测得表头的内阻 R_g =________Ω。

2. 电流表扩量程

根据图 3 将一个量程为________的表头改装成________mA 的电流表。

计算分流电阻值 $R_{A理}$ =________Ω，$R_{A实}$ =________Ω。

表 1　改装电流表

表头示数（　）	改装表电流(mA)	标准表读数(mA)			示值误差 ΔI(mA)
		减小时	增大时	平均值	

注：示值误差是指改装表电流和标准表读数的差的绝对值

3. 将电流表改为电压表

根据图 4 将一个量程为________的表头改装成 1.5 V 量程的电压表。

计算出的扩程电阻值 $R_{V实}$ =________Ω，$R_{V理}$ =________Ω。

表 2　改装电压表

表头示数（　）	改装表电压(V)	标准表读数(V)			示值误差 ΔU(V)
		减小时	增大时	平均值	
	0.3				
	0.6				
	0.9				
	1.2				
	1.5				

注：示值误差是指改装表电压和标准表读数的差的绝对值

六、问题讨论

1. 改装后的电表为何要进行校准？怎样校准？

2.校准电流表时，如果发现改装表的读数相对于标准表的读数都偏高，为了达到标准表的数值，请分析如何调整分流电阻的阻值？

3. 校准电压表量程时，如果发现被校准表的数值与标准表相比偏高，为了达到标准表的数值，请分析如何调整分压电阻的阻值？

大学物理实验报告

学号____________ 姓名____________ 得分________________

实验室______ 日期______年____月____日 星期____第____节

实验 20 数字万用表的原理和设计

一、实验目的

1. 了解数字万用表的特性、组成和工作原理；
2. 掌握数字表头(ADC)的校准方法和信号采集与转换原理；
3. 掌握实用分压、分流电路原理及参数计算，会设计数字电压/电流表；
4. 学习信号整流、滤波、仪器仪表输入端保护等原理。

二、实验器材

ZC1509 型数字万用表原理与改装实验仪，数字万用表 UT55/51(标准表)。

三、实验原理

1. 数字万用表的基本组成

2. ADC 与数字显示电路

3. 数字万用表的设计原理

（1）直流电压测量档电路的设计

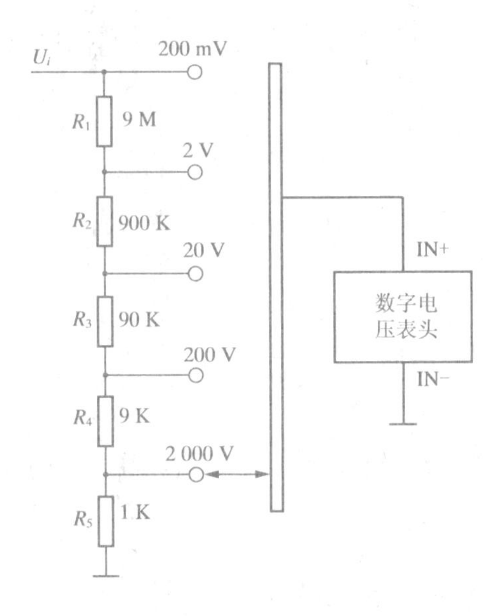

（2）直流电流测量档电路的设计

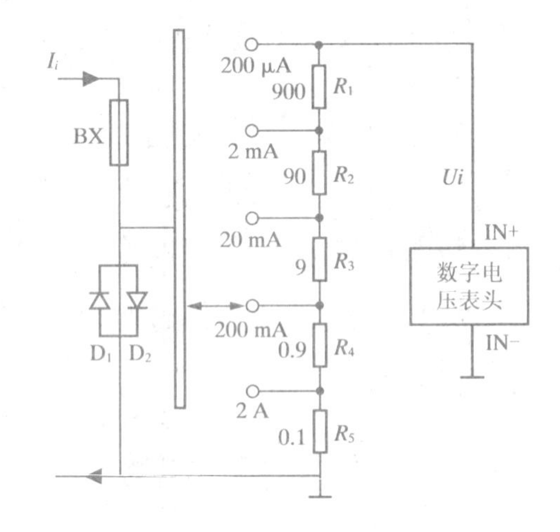

（3）交流电压、电流测量电路的设计

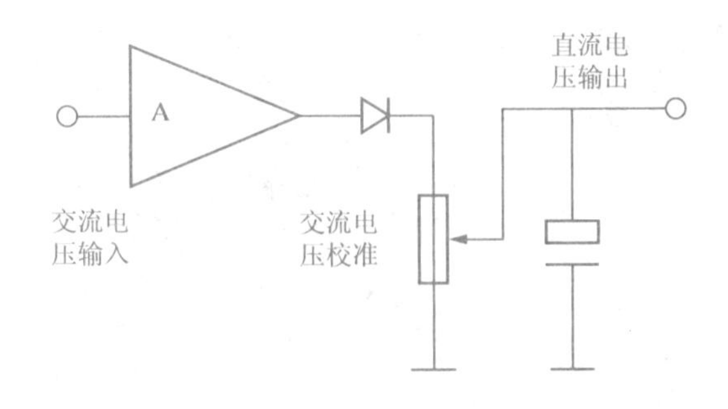

(4) 电阻测量档电路的设计

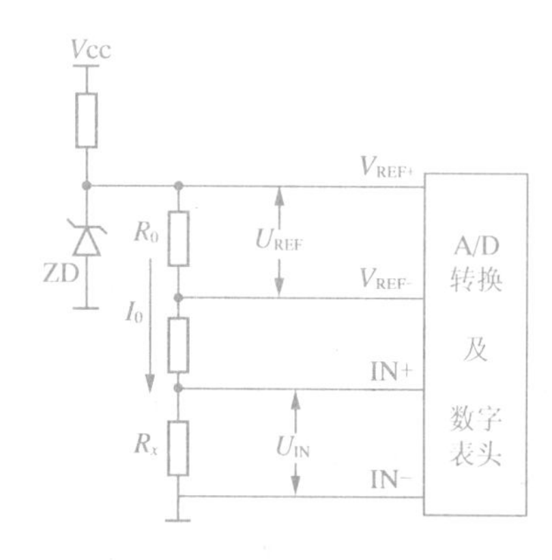

四、注意事项

1. 实验过程中，如果发现数字表头显示出现校准(直流电压校准)不能调节时，应该检查电路是否连接错误，检查电源极性是否连接错误。

2. 实验时应“先接线，再加电；先断电，再拆线”，加电前应确认接线无误。

3. 即使有保护电路，也不要用电流档或电阻档测量电压，以免造成损坏。

4. 当数字表头最高位显示“1”(或“−1”)而其余都不亮时，表明输入信号电压超量程。此时应尽快换大量程档或减小(断开)输入信号，避免长时间超量程。

5. 自锁紧插头插入时不要太用力就可以接触良好，拔出时应把插头旋转一下即可轻易拔出，避免硬拔硬拽导线，造成线芯断路。

6. 使用～220 V 市电时注意安全。

五、实验内容与步骤

1. 必做内容：多量程直流数字电压表设计与校准

(1) 表头校准过程

数字表头(教材图 10)校准完成后数据记录：

三位半数字表头示数：__________ mV；UT55/51 万用数示数：__________ mV。

（2）计算直流电压表设计过程中各电阻的阻值（教材图3的5个电阻，写出计算过程）。

2. 选做内容：多量程电流表、电阻表、交流电压的设计（学生自主完成）

六、问题讨论

1. 简述数字万用表的优点。

2. 简述数字万用表的缺点。